BABY FO

瀚克寶寶的
安心全營養副食品

150道專業級副食品食譜不藏私大公開

瀚可爸爸 著

充滿愛的副食品，
養出健康活潑的下一代

中國人一向有「第一胎照書養，第二胎當豬養」的說法，這是因為第一胎時經驗不足，只能跟著書籍上的教條一步一步走；等到懷第二胎時，有了經驗，丟了書本，就可以依樣畫葫蘆的養孩子，不知多少人就這樣把孩子養大了！

大多數的父母在自己擁有足夠經驗後，往往就不再生育，或者已經過了養育的階段，那些累積出來的寶貴經驗，都成了生命中的片段，或許沒有機會和別人分享，或許不夠全面，而不足以轉嫁在別人的身上。然而，流失這些寶貴經驗真的非常可惜。

瀚可爸爸夫妻養育兩個孩子的過程相當辛苦，我們非常高興他們有這樣的辛苦（雖然好像不該用「高興」來形容，但是真的非常「高興」這樣的過程不是發生在自己身上，更「高興」因為發生在他們身上，所以他們才能有足夠的實驗過程），透過養育二個孩子的切身經歷，發展出嬰兒副食品的專賣實體店面，再進而將這些經歷變成文字，幫助更多的父母不再盲目地照書養孩子，讓每位父母都能養出健康活潑的下一代。

看過本書中的細節，讓我佩服他們的鉅細靡遺，清楚記載所有他們知道的步驟和重點，相信在食安問題擾人的現今，這無疑是一盞明燈、無疑是一本好書，更無疑是一份大愛！希望這本書能提供給所有家長更豐富的副食品觀念，為孩子的成長過程中製作出更多美味佳餚，打造大家養兒育女的光明坦途。

《料理美食王》節目主持人 焦志方

守護餐桌上的營養
「健康」是孩子一生的財富

　　我 43 歲才當爸爸，兒子瀚可的到來讓我們夫妻滿心喜悅，當時我在廣告公司的工作剛好出現瓶頸，考量經濟狀況不至於吃緊，我順勢暫離職場專心陪老婆待產。所以我常開玩笑對兒子「邀功」說：「從你在媽媽肚子開始，我就對你很好囉！」因為我當時的正職，就是照顧懷孕的老婆。

　　不知道是照顧得太好、還是兒子性子太急，老婆懷孕 6 個半月時就早產，折騰了 19 個小時，幸好小瀚可的體重超過 2800 克，還算標準，我們夫妻心中的大石頭才落下。

親手做副食品，為過敏兒女的健康把關

　　沒想到兒子 2 個月大時，醫生宣告他有異位性皮膚炎，大小毛病不斷的長期抗戰就此揭開序幕！舉凡季節交替、寢具幾天沒換洗，或是洗澡水過熱，兒子就會出現嚴重的過敏反應；手腳關節處出現紅腫、經常搔癢抓破皮、嘔吐……，夜裡寶寶睡不好，大人當然也沒得好眠。

從兒子 3 個月開始，我們便接受醫生的建議，餵他吃水解蛋白奶粉，雖有好轉，但過敏反應幾乎不曾間斷，只有時好時壞的差別。

一年半之後，我們迎來了女兒漢娜，這次的考驗從她還在老婆肚子裡就開始了，老婆懷孕 3 個月時乳腺炎發作，初期高燒不斷，本以為是感冒風寒，後來確定為乳腺炎時，為了顧全漢娜的健康，面臨發炎狀況愈來愈嚴重，卻無法採取吃藥或開刀等積極治療的困境。老婆苦撐到 6 個多月，等到漢娜的重量和成長達到一定標準，便提早剖腹產，之後馬上接受乳腺炎的治療。但因為實在拖太久，使得感染惡化，前前後後共開了 4 次刀，每次都是開放性傷口，在不能麻醉的狀況下，換藥時的慘烈景象，連我這個大男人都覺得難熬，實在無法想像老婆是怎麼撐過來的。

「考驗」或「難關」都不足以形容當時人生直直落，生活和心情都盪到最低谷的局面，原本暫離職場，抱著歡喜心情當爸爸的我，在接二連三的狀況下，自然不可能專心找正職，老婆也辭去電視圈的工作。我們夫妻倆等於是長期無業，還要養育兩個身體狀況不斷的孩子，再加上發炎的後遺症不少，老婆不斷進出醫院……，那段日子真是宛如災難片般的慘烈。

不知是否因為水解蛋白奶粉的口感，不及一般奶粉的香濃甜，所以小瀚可不太愛喝，而且愈喝愈少，我們擔心他長不好，於是從 4 個月開始，我們夫妻便四處向親友及身邊的婆婆媽媽們請教，應該給寶寶吃什麼副食品，才能有益成長。

許多人以為我們夫妻廚藝精湛，因而經營寶寶副食品。事實上，故事的發展完全不是這個版本。在升格當爸媽之前，我們也是外食族，很少在家開伙，老婆的廚藝也是普通，雖然這麼說她可能會賞我一記白眼，不過因為這是事實，她也只能摸摸鼻子認了！（笑）

這大概就是所謂的「為母則

強」吧！即使手藝平平，但為了寶寶的健康，老婆還是捲起袖子、當起廚娘。我們戲稱自己是現代版的神農氏，到處打聽、嘗試各式各樣的食材，一心一意只希望兒子吃得頭好壯壯。

「微量嘗試」過敏寶寶也能吃得安心

因為瀚可特殊的過敏體質，**每次嘗試新食材時，我們都採「微量」測試，只讓寶寶吃幾口，無論他是否意猶未盡，我們都會喊卡。間隔幾小時後觀察，未出現不適症狀再繼續餵食**，過程都還算順利，沒有太明顯的過敏反應。不過有一次，老婆聽說吃雞肝對寶寶很好，便讓 9 個月大的瀚可吃了雞肝做成的肉泥，結果瀚可因此連續腹瀉一個多月，瘦了 3 公斤。認為自己「闖禍」的老婆，既心疼又自責，還不敢讓我知道，偷偷掉了不少眼淚呢！

有時做太多吃不完，就分享給家中有寶寶的親友或鄰居，沒想到大家的反應都很好，親友們不好意思總是當「伸手牌」，一開始會幫忙分攤食材費用，後來乾脆慫恿我們做生意。此時，愈做愈有心得的我們，也開始認真思考經營副食品事業的可能性。

於是 2010 年初，我們從小規模的家庭廚房起步，後來有段長達 2 年的時間，除了陪伴老婆與體內發炎的細菌抗戰，我還得扛起照顧兩個孩子的責任—— 18 個月大的瀚可，以及剛出生的漢娜，兩個早產的過敏兒。幸好，岳父母和妹妹等親友力挺，使生產線不至於中斷，就連老婆也撐著病體，攬下接單和客服等工作，讓我在工作和家庭之間，可以分身打理。

經歷過為孩子的成長和健康憂心、為家計捉襟見肘傷神的日子，我們非常能夠體會每個家庭、每對父母可能碰到的問題。所以我常說**「瀚克寶寶」廚房生產的不只是商品，而是同樣為人父母的心。**

如果要問我，準備副食品給自己的孩子吃或是其他人的孩子吃有何不同，我會說「態度」都是一樣的，都是當成給自己的孩子吃，但是後者的壓力更大、責任更大。畢竟自己的寶寶如果吃壞肚子，心疼歸心疼，但只要食物天然，不至於吃出大問題。但若換作其他的寶寶，萬一出現不適症狀，無論原因為何，我都得負責任。

另一方面，這6年來，已經有超過一萬名寶寶吃過我們的副食品，這是非常大的託付，家長願意讓我們一起守護孩子的成長，這份信賴是責任，也是榮譽。所以為了餐點品質，我在能力可及的範圍內不斷改進食材、物料、製程、設備……。我們既非營養專家，也不是手藝卓越的大廚，但正因為不懂，才能以源源不斷的熱情研究探詢、努力改進，加上許多熱心的媽咪們不斷將家中寶寶對餐點的反應回饋給我們，引導我們持續精進。

別執著贏在起跑點，「健康身心」才是一生的財富

　　這次透過出書，將品牌的全品項食譜大公開，身為企業的經營者，這樣做是否很冒險？我認為一點也不，非常歡迎大家都來複製，一起對抗食安風暴，鼓勵大家自己動手做，為寶寶的健康把關。其實寶寶餐點製作一點都不困難，只是費時費工，從挑選食材到製作、保存，都需要格外用心。但就像我在書中分享的，孩子吃什麼都會長大，**但我們希望給寶寶更安全的環境成長，許多原則和堅持，以及對於細節的謹慎，只要做對了，每位家長都可以成為寶寶健康的守護者。**

　　最後，我還想和家長們共勉，即使在最困難的那段時間，我們夫妻始終沒有忘記、也從未放棄「陪伴孩子」的承諾。**其實孩子吃多少、長多快真的沒關係，「健康的心理」才是最重要的。**「贏在起跑點」這句話害了很多人，身高體重並非健康的唯一標準，除了身體要健康，心理也要健全。所以，千萬別強迫孩子吃東西，而是營造愉快的用餐環境，用正面的態度帶領孩子探索體驗飲食的新世界。培養健康的身心，才是送給孩子一輩子受用不盡的財富。

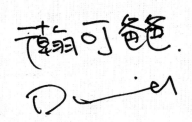

目錄 | Contents

④ **雞腿骨蔬果高湯粥** 開始吃肉囉！添加魚肉和雞蛋，營養攝取更充足！

Part 1

給寶寶最安心的副食品
瀚可爸爸的 10 大堅持

給孩子最好的，是不變的堅持

為什麼「瀚克寶寶副食品」能得到那麼多家長的信賴？其實真的沒有什麼祕訣或撇步，所以我向來大方開放中央廚房給人參觀，任何流程和作業的細節都不藏私。對於外界的好奇，如果真要說出一個原因，我想就是「堅持」兩個字吧！

這樣的「堅持」難不難？我的答案是：「只要有心，就不難。」相信在家為寶寶準備副食品的把拔和馬麻也可以辦到，歡迎大家一起「複製」這樣的堅持。

1 用「好水」清洗、蒸煮、烹調

　　如果不是親眼看見，大概沒有人相信，我們除了烹煮，連洗菜、洗米、清洗鍋碗瓢盆都是使用 RO 純水。很多人會覺得為什麼要這麼做？因為光是從端出來的餐點，完全看不出差異啊！然而「好水」是決定餐點品質非常重要的第一關。媽媽們製作副食品前，一定要秉持以下二個重點：

❶ 除了使用淨水器的過濾水清洗食材，蒸煮時也要全程使用煮過的開水。
❷ 使用電鍋蒸熟食材時，外鍋也要用開水，不可用自來水。

　　因為鍋蓋是密閉的，而自來水含「氯」，加熱後氯會包覆在食物上或是被吸收，吃進去不但對人體有害，甚至有致癌的危險；因此，用「開水蒸煮食材」十分重要，把拔馬麻千萬別圖方便，讓寶寶的健康受到威脅。

2 為寶寶打穩健康底子，就從「好米」開始

　　無論菜色如何變化，我認為「米」絕對是最重要的部分。因為嬰兒副食品添加的調味料原本就非常少，甚至完全沒有，所以油品、調味料的影響相對較小。但是「米」就不同了，**從比例原則來看，副食品的用米量較多，因此米的品質與來源是否安全，絕對不容忽視。**

　　試想，假如買到過期米或汙染米，售價低廉，就算長蟲長蛆，煮熟後打成泥也看不到，即使寶寶吃下肚，短期內也不一定會出現身體不適的症狀；但長期下來呢？犧牲的絕對是寶寶的未來。雖然好壞品質的米價，經常有數倍的差距，但我還是要告訴各位，與其花大錢買營養品，不如買好米給寶寶打好底子，務必慎選品質有保證的優良米。

3 堅持衛生第一，居家烹調也要「專業」

　　一直到現在還是有很多熟識的廠商或朋友，認為我們把中央廚房開放給大家隨時參觀是一件非常「不聰明」，甚至是「很冒險」的事情。對於類似的「好心勸告」，我的態度始終沒有改變。唯有「廚房隨時開放參觀」的高壓，才能督促工作人員將廚房、食物處理得乾乾淨淨，這是任何官方檢驗都無法取代的。

　　當然，在家準備副食品，不需要像我們的員工，每天如臨大敵般，隨時面對來自消費者和管理者的突擊檢查。但是為了寶寶的健康，我建議經手烹調的每一位家人，還是要盡量「專業」。

　　這裡的「專業」不是指廚藝高超，而是強調衛生的標準。**從最基本的勤洗手、穿戴合宜服裝（長髮的人盡量束髮或是戴上廚帽）、戴口罩（除了感冒，平常也盡量戴口罩），到烹調廚具（如砧板、小鍋等）和餐具、食材的分類收納和保存，避免與大人的混合使用。**這些看似細節的小地方，都是杜絕汙染和病毒，讓寶寶吃得安心的關鍵。

▲兒子瀚可最喜歡假日到外婆家當「小農友」，體驗真實版的開心農場。

選擇「天然、有機食材」

　　寶寶的副食餐點，打成泥或燉煮之後，看起來並無太大的差別；說實話，一般人很難辨別食材的優劣。即使如此，我們還是堅持根莖類的食材全面採用有機農品，葉菜類則採用無毒農品。雖然有機農產品的產季與收成狀況，很容易受天候影響，無法打包票能夠 100% 足量供應，但是我們始終朝著食材全面有機而努力，給孩子最好的食物，這個目標是非常明確的。如果無法全面使用有機食材，建議把拔和馬麻在家自製副食品時，可參考以下原則：

❶ 寶寶初期接觸副食品時，建議先從「根莖類蔬果」開始嘗試，並且盡量選購有機或無毒農品。

❷ 肉品方面，土雞比肉雞好，同時要重視肉品來源，不買來路不明的肉品。當然，更要全面禁止任何基因改造的食材。

　　如果不選購有機農品，也要挑選商譽良好的店家或品質有保障的熟識菜販、肉販，才能多幾分保障。

完全杜絕「防腐劑」和「添加物」

　　無論是購買的副食品，或是在家親手製作，我都經常提醒把拔和馬麻，**餵食寶寶前，自己務必要先吃吃看**！因為只要是強調天然，未添加任何防腐劑、保存劑，甚至連鹽巴調味都沒有的食物，在天氣多變的情況下，製作保存和運送過程，任何環節都可能變質，特別是夏天。我們不使用任何防腐劑或添加物，更別說是色素、香料、香精、濃縮化合物等，所以，與其誇下海口保證副食品不會壞，寧可包退包換，確保消費者權益。

　　即使在家 DIY 也要新鮮食用，完成後立刻冷藏保存，超過 24 小時有酸腐的危險。建議將副食品製成冰磚後冷凍，等寶寶要吃時再加熱，至於寶寶吃剩的副食品，大人如果不能幫忙解決，也只能倒進廚餘桶，千萬別因為怕浪費，重複加熱食用，反而容易讓寶寶吃壞肚子。

6　「低油低鹽低糖」煮出寶寶最愛的味道

　　大一點的寶寶，需要比離乳食品更多元的餐點選擇，隨著食材種類愈來愈多樣，再加上寶寶偶爾會接觸大人的重口味食物，若只把食物煮熟、煮爛是不夠的，也得增加口感的變化。想要兼顧美味和健康，著實是個大考驗。

　　即使如此，「少油少鹽少糖」仍然是我不變的堅持，以甜品來說，如果大人習慣的口味是添加三匙糖的分量，為了寶寶的健康，我們會減量為一匙；或是善用食材本身的甜味，以地瓜、桂圓和紅棗等食材來代替。

　　至於鹽分攝取量，如果寶寶從小就吃太鹹，很容易養成重口味，對腎功能造成一輩子的影響，不可不慎。因為多數成人的食物都偏鹹，媽媽們烹煮時，切記只要加一點點鹽就好，千萬別用自己習慣的口感做標準。

　　油量也是如此，許多食物只要使用不沾鍋，即使完全不用油，也能煮出好味道，如果非要用油，至少也要把分量減半，甚至比一半再少一些。

　　食安問題頻傳，想要吃得安心，只能靠自己多留意，寶貝的營養和抵抗力，全掌握在爸爸媽媽的手上，請不要因為省事省錢，隨便給嬰幼兒亂吃，否則日後辛苦的絕對是孩子！

7　堅持不用豬大骨熬湯

　　我們從來不使用豬大骨熬湯，也經常提醒家長不要使用。這是因為大骨湯含「鉛」，可能會影響寶寶的智力發展。

　　根據專家研究，動物的骨頭幾乎都含有「鉛」，只是含量的多寡不同而已。其中，1公克的雞骨含有 0.1 微克的鉛，1 公克的豬骨含有 1 ～ 15 微克的鉛；也就是說，豬骨的含鉛量可高達雞骨的 150 倍。

為了寶寶的營養和健康著想，熬煮高湯時，請盡量選擇「雞骨」或是「冰之骨」（細長形的豬肋骨），至少要先汆燙過2次，再用來熬湯。而且，熬煮高湯的時間比例也要謹慎拿捏，請先放入蔬果，熬煮2小時後，最後再加入雞骨或冰之骨，至多再熬煮1小時，避免因為煮太久，而使骨頭內的鉛或其他重金屬釋出到湯汁中，造成不良的影響。

　　對寶寶來說，濃稠的高湯是負擔，並不是營養素，熬煮完成的高湯，記得一定要去油、去渣，食用時甚至還可以再稀釋，或添加到粥品等其他食物中，避免攝取過多的脂肪。

8　食材不設限，攝取「全食物」營養

　　我一直認為作息正常、均衡的營養和飲食，注意食材來源及妥善清理食材，遠比吃「營養補給品」更重要、效果更佳。

　　本書的全品項食譜兼顧蛋白質、醣類、脂肪、維生素、礦物質等五大類營養素的均衡，強調「讓寶寶吃食物、不吃食品」的原則，不過，許多人對於「食物」與「食品」的差別仍然不甚清楚。

　　簡言之，未經加工的就是「食物」，加工過的即為「食品」。烹煮過程中，應該盡量避免添加物，讓寶寶攝取原貌烹調的「全食物營養」。以「雞肉」和「雞塊」為例，雞肉本身是有營養的，對寶寶有益處，但若加了澱粉、油成為「雞塊」，寶寶吃下肚就不健康了。

　　重點在於「烹調過程」，食材的選擇不需要複製自己的口味，或是預設太多，除了少數不適合幼兒的高敏食材以外，我都鼓勵家長盡量多嘗試。也不用過度擔心寶寶的抗拒反應，因為副食品的添加重點，除了補充營養，還有讓寶寶學習適應各類食物的重要作用。

　　如果陷入「量」的迷思，認為寶寶一定得吃多少，只餵他喜歡吃的，或是勉強進食，反而會讓寶寶對食物產生負面記憶，最後養成偏食的壞習慣。

「分齡漸進」引導嬰幼兒學習進食

包括我在內的瀚克員工最常碰到的問題，就是詢問家中的寶寶應該吃什麼。明明已經按照育兒書或專家指示，為寶寶準備符合月齡的副食品，寶寶為什麼一點都不捧場，甚至根本不吃？有些媽媽擔心寶寶營養不夠，或是希望吸引寶寶開口，乾脆「偷跑」，餵寶寶吃超齡的食物，甚至直接給寶寶吃大人的食物，認為只要寶寶肯吃、咬得動、吞得下去就行了。

雖然不必照書養小孩，但是副食品的分齡漸進，仍有其一定的參考價值，建議家長盡量循序讓寶寶適應。生理方面，除了要配合寶寶牙齒的生長、吞嚥能力與消化能力外，口味的濃淡也是重點之一。**基本上，1歲前的寶寶不能攝取任何調味料，以免對腎臟造成負擔，引起健康問題。**

如果寶寶一直拒食，應該怎麼辦？父母千萬不要因為受挫幾次，就輕易放棄，畢竟6個月大的寶寶（有些寶寶是3、4個月）剛好處於「厭奶期」，不愛喝奶，也可能對其他食物不感興趣。以我過來人的經驗，成功的不二法門，就是不斷嘗試，或是更換不同的食材，寶寶一定能慢慢適應。

★ POINT ★

Check！寶寶生長發育是否太慢？

可參考國民健康署的兒童成長曲線，「生長」指的是體重身長頭圍，「發育」則是寶寶的身心功能是否已經成熟，達到符合月齡的狀況，例如4個月抬頭，5～6個月翻身，7個月會坐，8個月會爬等。

▲與外婆一起在小農場工作，讓小瀚可學會惜福。

10 經營親子和樂的用餐氣氛

前面說了這麼多，瀚可爸爸堅持的東西還真不少啊！但我也常開玩笑說：「有一件事我從來不堅持，那就是不強迫孩子一定要把食物吃完！」

對我來說，和樂的親子用餐氣氛比什麼都重要，這麼說並不是寵溺孩子，**只要寶寶的活動量正常，成長曲線也符合標準，沒有肚子脹氣、便祕、拉肚子等不舒服的症狀，寶寶食量多少，真的不需太執著。**

很多家長擔心寶寶正餐時間吃太少會挨餓，於是在正餐之間提供零食或其他食物，這樣反而會造成負面循環。也有人過度堅持寶寶一定得吃多少量，於是拚命勉強餵食，讓寶寶對食物產生抗拒和反感，都是適得其反。

與其如此，倒不如建立良好的用餐習慣，避免邊玩邊吃或是吃飯配電視，但可以提供寶寶專屬的座位和可愛的造型餐具，**讓吃飯變成一件有趣的事情，才是最重要的。**

Part **2**

新手爸媽一定要知道
10 個副食品的 NG 觀念

掌握十大原則，寶寶吃得好健康

　　每天一大早打開電腦，就會看見一排舉手發問的人，可見新手爸媽真的好辛苦，特別是媽媽們常常等到半夜小寶貝和老公都睡著後，才能做點自己的事情！而且我發現，這些馬麻們上網時，也多半是在查資料、問問題……，滿腦子全都是寶寶食衣住行的大小事。

　　關於副食品，最多人詢問的幾個問題，我將在這裡說明回覆。藉由釐清觀念與經驗分享，配合寶寶的成長階段，透過副食品給予適當營養，提供幾個重要原則，希望能讓家長從此睡個好覺！

早／晚一點添加副食品比較好！
添加副食品的「黃金時期」？

 觀察寶寶的發育狀況，
4 ～ 8 個月開始吃副食品都沒問題。

常聽到很多馬麻說：「寶寶4個月居然長牙了，是不是該給他吃副食品了？」或是「每次我們吃東西，他就流口水！這代表寶寶已經準備吃ㄋㄟㄋㄟ以外的食物了嗎？」、「寶寶到底什麼時候可以開始吃副食品呢？」類似的問題幾乎不曾間斷過，寶寶吃副食品的「食機」，確實困擾很多新手爸媽。

假如太早開始吃副食品，寶寶可能會因為吸收不良，導致腹瀉或引發不適症狀，未必能攝取到足夠的營養；反之，太晚開始吃副食品，將會影響咀嚼能力和肌肉發展，連帶使寶寶缺乏對各類食物的探索嘗試，造成日後容易挑食、厭食等不良習慣。

不要搶快比較，讓孩子自由發育成長

既然如此，究竟有沒有「副食品的黃金時期」呢？過去一般認為是6個月左右，但是近年來，也有人主張寶寶4個月就可以嘗試吃副食品。其實，如果寶寶已經出現厭奶現象、胃口不佳，或開始把手上的東西往嘴裡塞等徵兆；身體肌肉進展到脖子慢慢變硬、能夠稍微抬身，甚至坐起來看人，不用擔心被非液態食物嗆到時，就代表寶寶可以試著接觸副食品囉！很多研究甚至提出愈早接觸副食品，過敏的機率就愈低。不過，我還是要提醒把拔馬麻，寶寶的個體發育原本就不同，不需要「搶快」和「比較」，**最早4個月，最遲8個月開始吃副食品都沒問題，不用過度擔心。**

NG 2 既然「副食品」不是主食，不吃也可以？

 副食品可鍛鍊寶寶「咀嚼、吞嚥」的能力，是非常重要的「過渡期食物」。

我要跟家長們強調一件事，對寶寶而言，「副食品」並不等於「次要食品」，相反地，在ㄋㄟㄋㄟ與固態食品之間，副食品是扮演重要的「過渡期食物」。隨著寶寶一眠大一吋，從 4～6 個月開始，因為活動量與食量逐漸增加，寶寶所需的各類營養素也愈來愈多，母奶或配方奶已經不能滿足他們。尤其是喝配方奶的寶寶，副食品扮演極為重要的角色。

讓孩子自己「學吃飯」很重要

除此之外，雖然每個寶寶長牙的進度不同，但也意味著此階段的寶寶，將由「吸吮」逐漸轉化為「咀嚼」和「吞嚥」；即從「液態食物」→「糊狀食物」→「半固態食物」，逐步進展到「固態食物」。

副食品正是訓練口腔功能的關鍵過程，寶寶吃進的食物固然重要，訓練寶寶「自我進食」的能力更是不容忽視。如果沒有副食品的刺激和體驗嘗試，寶寶便會缺乏咀嚼能力的鍛鍊，對於日後的身心發展，都會產生負面影響。畢竟讓孩子逐漸脫離父母的懷抱，透過自行飲食而成為獨立個體，也是此階段非常重要的任務和目標。

NG 3 擔心寶寶過敏，副食品不需有太多變化。

只要掌握「少量、少種類」的原則，
吃副食品也是一種「克敏治療」。

兒子瀚可和女兒漢娜都是過敏體質，在他們 6 個月之前，只能喝水解蛋白奶粉，等到應該嘗試副食品的階段時，究竟該給他們吃什麼，著實讓我們夫妻傷透腦筋。尤其是瀚可的異位性皮膚炎，只要不小心吃錯食物，反應就非常劇烈，看在眼裡真的很令人心疼。

有人建議我們乾脆不要給寶寶吃副食品，等到 1 歲或年齡更大些，過敏反應減緩再吃。事實上，醫師也多半會建議過敏兒和早產兒不要太早添加副食品，避免刺激過敏原或引發寶寶不適。所以我們家兩個過敏體質的寶寶，在 6 個月之前，都只喝減敏奶粉，連母奶都被醫師禁止。

掌握「少量、少種類」原則，讓孩子有新的體驗

然而，**嘗試新食物本身也是一種「克敏治療」**，我建議父母可讓寶寶從低敏的地瓜、南瓜、甜菜根、胡蘿蔔，以及新鮮的綠色蔬菜如青花菜、A 菜等開始嘗試；隨著寶寶的免疫機能愈來愈成熟穩定，過敏反應也會減緩許多。

嘗試新食材時，掌握「少量、少種類」的原則也很重要。因為每個寶寶的過敏原都不同，只要是沒有吃過的食物，餵食量都不宜過多，**每次只給寶寶嘗試一湯匙的分量，一次只添加一種食物。寶寶吃完後，請留意他的排便、皮膚狀況是否異常**，若無異狀，4 ～ 7 天後就可以增量或改試其他食物。

很多父母怕引起過敏，選擇重複餵寶寶吃同樣的食物；這樣不僅會讓寶寶失去嘗試新味道的體驗，也會錯過為寶寶提升免疫力的機會。而且缺乏變化的副食品，也會讓寶寶的食慾變差。

孩子滿 1 歲後，
可以繼續吃磨到細碎的食物。

 請根據「食材軟硬度」及「寶寶年齡」，
調整副食品的搗碎程度。

　　很多家長來電訂購時，都會詳細了解烹調過程，例如食物切得夠不夠細碎等。我們通常會進一步詢問寶寶多大，假如已超過1歲，就必須向把拔馬麻說明，針對15個月齡以上的寶寶，我們提供的不再是磨碎的食物泥和煮爛的粥品，而是各式濃湯麵和蔬菜肉類製成的燉飯；更大一點的寶寶，則是搭配白飯、麵條等的各種燴料。

　　為什麼不再讓寶寶繼續吃磨碎煮爛的食物呢？肉塊或蔬菜丁是否很難消化、擔心寶寶無法咀嚼吸收？這些都是我們曾碰到過的疑問。其實，只要配合寶寶的成長發展準備適合的副食品，就不需擔心。

1 歲以上的孩子，可以慢慢脫離食物泥及粥品

　　6個月前的寶寶通常尚未長牙，請先讓他嘗試液狀的蔬菜湯，或是很軟爛的食物泥。**等到寶寶開始長牙後，就可以試著餵糊狀或粥狀的食物。**至於 1 歲以上的寶寶，雖然牙齒還未長齊，但已經具備基本的咀嚼能力，如果仍然餵食軟爛的食物泥，孩子以後可能只會「吞食物」，不懂得「咬食物」！

　　隨著月齡愈大，寶寶也來到脫離食物泥和粥品的階段，他們可以體驗的食物類別也愈來愈多。其實只要把主食煮軟爛一點，例如瓜類經燉煮後，就已經非常容易入口，不需刻意切太碎。而葉菜類的纖維多，就得稍微切碎些，去掉較粗的梗。至於肉類，也不需全部買絞肉，可切成肉丁，慢慢讓寶寶嘗試。

因為怕他吃不飽，所以先餵孩子吃，以後大了再讓他自己吃！

 讓寶寶體會「自己吃飯的樂趣」，別總是由父母代勞。

有些父母擔心寶寶排斥副食品，一開始會以奶瓶餵食食物泥；也有些人雖然使用湯匙餵食，卻是一路代勞，即使寶寶已經超過 1 歲，還是不放心讓他們自己吃東西，認為大人餵，寶寶才吃得多，否則寶寶不小心灑在碗外的，都比吃進肚子裡的還要多。

出於對孩子的愛，父母擔心寶寶餓肚子的心情是可以理解的，不過前文曾提到，**副食品不但能提供營養，也扮演了訓練寶寶咀嚼能力，以及對新食物接受度的重要角色。**

如果持續用奶瓶吃副食品，或是大人不肯放手，孩子等於錯過學習體驗的黃金期，無法適應新的吞嚥方式和食物，未來反而更讓人操心費神。

建議把拔馬麻一開始就使用湯匙餵食，**因為判斷寶寶能否嘗試副食品的前提之一，就是觀察他的頸部能不能挺起；**如果大人用手輕扶，寶寶就能坐穩，不會一邊吃一邊搖晃，就代表用湯匙餵食時，大人不需要一直變換角度。如果不小心硬塞，寶寶除了感到不舒服，還可能會抗拒進食。

🍴 寶寶會吐出食物，只是還不習慣使用湯匙

　　另一方面，能夠坐著吃東西，也意味著寶寶吞嚥的肌肉神經已經準備好，可以應付液體以外的食物。**有時候，寶寶的舌頭好像把食物往外推，不代表他不喜歡吃副食品喔！也許寶寶只是還不習慣用湯匙餵食的吞嚥方式而已。**

　　至於月齡更大的寶寶，可以訓練他拿米果或其他手指食物（Baby finger food），再給他們湯匙抓握，練習舀起食物泥放入口中。

　　一開始，寶寶肯定會吃得到處都是，但只要盡量讓他們在固定的地方用餐，準備專屬的餐椅和圍兜，餐桌底下鋪報紙或塑膠墊，減少餐後清潔的功夫。把拔馬麻要做的只有輕鬆陪伴，讓寶寶多練習幾次，他們自然會愈來愈上手，看見一碗粥被吃得精光時，相信大人和小孩都會很有成就感喔！

把大人的食物煮到熟爛，也可以給寶寶當作副食品。

 大人的食物口味太重，
寶寶的腎臟無法負荷，請以「清淡」為原則。

　　老一輩的人受限於環境或時間，每日三餐都有幾十口人要吃飯，根本忙不過來。對他們來說，所謂的「寶寶食物」，幾乎就等同於比較軟爛的大人食物。問題是，把大人的食物煮得更久更爛，或是把勾芡類的菜汁、湯汁拌飯，即使寶寶勉強吞嚥下肚，他們真的吃得到營養嗎？

　　許多食物經烹煮後，只有少數的營養會保留於湯汁內，**僅用湯汁拌飯，恐怕會讓寶寶吃不到營養，反而攝取過多人工調味料，對腎臟功能造成過多負擔**；而且從小習慣吃重鹹，長大後更難改變，對健康只有害處。

將口味稀釋，別讓寶寶吃進過多調味料

　　現代父母孩子生得少，育兒觀念和營養概念也改變很多，在家餵寶寶吃的副食品，通常都會另外準備清淡無調味的，但是偶爾外食，或是與大人共餐時，難免會接觸到副食品以外的成人食物，**建議家長還是盡量按照「月齡」餵食適合孩子的副食品，不要超齡給他們吃太多添加調味料的食物**。

　　若在無法避免的情況下，不妨先用開水浸泡，或是直接在食物中加些開水，將口味稀釋後再餵食。

NG 7

寶寶副食品吃得好，喝奶不必太講究！

錯！吃副食品要「循序漸進」，
讓寶寶慢慢適應，才能攝取足夠營養。

　　為了確保食物的新鮮，我常會留意家長們的訂單數量，不是怕大家訂得太少，而是擔心訂太多。尤其是剛開始吃副食品的寶寶，他們需要的量真的很少，無論自製或購買，都要以少量為宜。

　　有些父母比較心急，在寶寶開始吃副食品後，就馬上減少餵奶的次數和奶量，認為這樣可以讓寶寶攝取更多營養，加快咀嚼能力的發展訓練。其實，既然副食品是奶類營養和正食品之間的銜接，原本就需要一段漸進的時間讓寶寶適應，過與不及都不適當。

「副食品」與「餵奶量」的分配原則

　　關於餵奶量及副食品的分配，我歸納了以下四個原則給大家參考：

❶ 初期先維持寶寶原來的餵奶次數和奶量。

❷ 4～6個月的寶寶，每天大概餵5次奶，只要在兩次餵奶中間，用湯匙餵寶寶吃幾口食物泥當點心即可。

❸ 千萬不要在餵奶前後給寶寶吃副食品，以免影響寶寶正常的吃奶量，連帶也對副食品興趣缺缺。

❹ 等寶寶漸漸適應食物泥的口感，也習慣用湯匙進食後，再將副食品的分量由少加多，種類由簡變繁，慢慢增加。

　　掌握以上幾個重點，過了週歲後，粥品麵食等就可以成為正食品，至於奶粉或牛奶，此時反而成為副食品囉！

在副食品裡添加營養補品或中藥材，可以讓寶寶成長得更好。

 錯！只要搭配得當，
天然食物的營養就足夠。

　　天下父母心，總是想給孩子最多、最好的，很多父母常憂心自己的寶寶體重不夠重、身高不夠高、營養不均衡、牙齒長得慢、頭髮長得少、排便不正常、睡眠不充足、抵抗力不夠等。為了補充營養，許多人索性在副食品中添加補品或中藥材，希望能把寶寶養得頭好壯壯。

為寶寶熬煮雞精或高湯，增加營養攝取

　　事實上，只要搭配得當，食物本身的天然營養已經非常足夠，除非經過醫師診斷，建議寶寶必須補充特殊的營養成分，才有必要酌量添加於食物中。否則，大部分的寶寶完全不需要、也不適合在副食品中加入任何營養品或藥材。

　　尤其是中藥材，因為每個寶寶的體質和體重不同，擅自添加有藥效的食物在三餐當中是帶有高風險的。有些藥材的特殊氣味，甚至會讓寶寶排斥，連帶拒吃副食品，造成反效果。

　　如果還不放心、擔心寶寶吃得不夠好，**建議可以熬煮雞精或高湯，添加於粥品或麵飯中，增加營養攝取**。熬煮雞精時，除了枸杞和紅棗等天然食材外，不需再另加藥材。高湯也以蔬果為主，搭配雞骨或豬肋骨一起熬煮，千萬不能用豬大骨，避免大骨含鉛量高而引起中毒。

寶寶食量小，每餐現做很麻煩，煮一鍋慢慢吃最方便？

**錯！副食品最易酸腐，
冷藏以一日為限，冷凍至多一週。**

對許多父母而言，「如何準備副食品」是一門大學問。特別是寶寶的食量小，剛開始吃副食品的階段，假如每餐都現做現吃，一定會讓父母忙碌不堪。

但是一次準備很多，寶寶吃不完怎麼辦？有些忙碌的父母為了節省時間，選擇煮一大鍋慢慢吃，每次取少量加熱。假如一天一鍋，天氣涼爽時還無妨，但是保險起見，餵食前還是要試吃，預防食物酸腐或遭汙染，對寶寶造成危險。若已放過隔夜，絕對不能讓寶寶吃，如果沒有大人幫忙「消化」解決，最後只能倒進廚餘桶。

假如擔心浪費食材，建議準備時先精算分量，不要一次製作烹煮太多。想要節省時間的人，則可嘗試一次準備多日分量，並製成「冰磚」保存。**掌握「冷藏以一日為限、冷凍至多一週」的原則**，盡早食用最佳。

★ POINT ★

「真空包裝」不一定衛生安全？

許多人常問我，瀚克寶寶的餐點為何不採用「真空包裝」？因為一般人都認為真空包裝比較好，其實真空包裝必須於無塵無菌的環境下分裝，且食物絕對不可以接觸到封口處，才能確保沒有細菌進入。目前坊間的副食品多以人工裝填，在此條件下，真空包裝並無太多保障可言。

NG 10 用平常煮菜的工具順便煮副食品，
孩子餐具也可以和大人的一起清洗。

 請為寶寶準備一套專用的餐具及烹調用具，
不要和大人的混合使用。

「養兒方知父母恩」這話真是一點都沒錯。升格當爸媽後，才知道養孩子真是不簡單，要打點的大小事情多不勝數。相信很多父母和我們一樣，都面臨三頭六臂還是不夠用的窘境。常常為了節省時間，只好「圖方便」，身為兩個孩子的爸爸，我非常了解。

但有些事真的不能「省」，例如，準備副食品時，建議將大人和小孩的砧板分開，因為寶寶能吃的食材限制較多，特別是一些容易引起過敏的海鮮。如果貪圖方便而混合使用，可能會引起寶寶過敏，甚至不慎吃下遭受污染的食物。

鼓勵寶寶吃飯，餐具的材質與重量也很重要

餵食寶寶的餐具也是如此。很多人認為只要材質不易破損，寶寶就可以使用，即使與大人共用也無妨。其實，這句話只講對一半。只要無毒安全又耐摔的材質，確實可以拿來當作寶寶餐具，但是，如果想鼓勵寶寶自己進食，還得將材質的大小與重量納入考量；另外，碗緣弧度和構造是否方便寶寶自己挖舀食物，也是挑選寶寶餐具的重點之一，如果挖舀的難度太高，可能會讓寶寶產生挫折感，降低嘗試副食品的意願。

此外，清潔寶寶餐具時，也請分開處理，因為副食品通常無油、無調味，只需以清水徹底沖洗即可，不必使用清潔劑。這些小動作或許會多花點功夫和時間，卻可以幫寶寶築起一道保護的城牆，預防病毒或毒素的侵害。

Part 3

【事前準備篇】

嚴選工具和食材
專業製作是關鍵

瀚可爸爸的居家烹調祕訣

　　到底該如何挑選「最合適」的工具和食材？為什麼我要強調不是挑「最好的」，而是選「最合適」的呢？和大家一樣，初為父母時，我們也非常興奮和緊張，只要是和寶寶有關的任何東西，在能力範圍內，都會努力想要找到「最好的」。

　　但是「最好」的標準經常改變，有時因為專家的一句話、媒體的一篇報導，甚至是來自社群網路的育兒情資，哪位媽咪說了什麼，或是某家寶寶出現的狀況如何……，都足以撼動父母心中的那把尺。

　　標準一直變，結果就是家裡堆積了各式各樣的工具和餐具，全是花了銀子繳學費換來的，直到自己全心投入副食品的專業經營，經過幾年的摸索鑽研，終於得到以下結論。

好用工具篇

採取「計畫性購買」，盡量掌握以下原則：**長期使用的工具，不妨多花點錢購買材質好、功能較佳的；若使用率低，或許可思考另尋替代工具。**

例如研磨器、攪拌棒及製冰盒、保鮮盒、保溫瓶等，功能性高於設計性，在預算內挑選符合自己需求的工具即可，前提是材質一定要「安全無毒」。

1 保冷袋

適合短時間的外出保鮮，最好搭配保冷劑使用，效果更持久。

2 量杯

副食品的濃稠度關係到寶寶的消化吸收，添加高湯或開水時，可以選用專門的量杯，既衛生也方便掌握品質。

3 保鮮盒

建議挑選玻璃材質，比較能保持食物的新鮮度，外出可改用塑膠材質，更利於攜帶。

4 保溫瓶

容量不需要太大，盡量選擇瓶口寬一點的，方便外出時舀取餵食。

5 夾鏈袋

製作冰磚時，如果製冰盒沒有蓋子，可以放入夾鏈袋防止污染；短暫外出時，如果不攜帶保鮮盒，也可直接將冰磚倒入夾鏈袋，再放進保冷袋中。

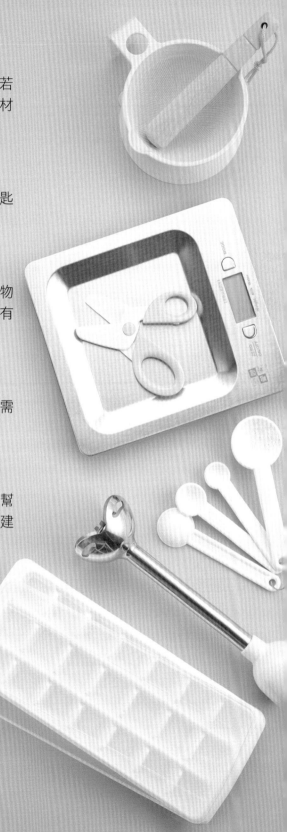

6 研磨器

市面上販售各式各樣的研磨和搗泥工具，若為塑膠材質，應避免高溫食物，記得將食材放涼再處理。

7 電子秤

在家製作副食品時多為少量，有量杯、量匙和食物秤等計量工具，拿捏分量更輕鬆。

8 食物剪

只有軟爛食物較適合使用塑膠材質的食物剪，肉類建議使用金屬剪刀。如果食物剪有附蓋子，外出時更便於攜帶，也較安全。

9 量匙

寶寶餐講求低鹽低糖少油，添加調味料時需格外謹慎，使用量匙能為健康準確把關。

10 攪拌棒

「手持式攪拌棒」是製作副食品時的好幫手，即使量少也便於製作，機動性很高。建議挑選不鏽鋼刀頭，製作熱食更安心。

11 製冰盒

種類和款式繁多，小分格適合製作食物泥冰磚；大分格可用於製作粥品和高湯的冰磚，挑選有蓋式的置冰盒，較不易沾染冰箱氣味。

★攪拌棒提供：PRINCESS 荷蘭公主
　研磨器提供：黃色小鴨

安全餐具篇

　　很多父母挑選寶寶餐具時，都會被可愛的造型和圖案打動，希望卡哇依的餐具可以促進食慾，讓寶寶更喜歡自己練習吃飯。餐具的造型設計吸睛當然會受到小朋友歡迎，**但是材質本身的安全性，還是最重要的。**

　　研究證實，過去最常用來製成兒童餐具的美耐皿（melamine），雖然號稱可耐 100 度高溫，但其實只要盛裝超過 40 度以上的高溫食物或熱湯，就可能產生微量的三聚氰胺，而且溫度愈高、釋出量也愈高；長期使用會對人體有害。雖然價格親民、造型多變，但使用時仍必須特別注意。

「天然無毒」的材質，用得最安心！

　　近年來，許多替代的材質開始被廣泛運用於寶寶餐具，**例如竹製餐具或是 PLA 由植物萃取澱粉，經發酵、去水製成的玉米餐具，都強調天然無毒，使用起來更安心。**為了寶寶的健康，父母可以依據自己的預算和經驗挑選適合的，不管是美耐皿或其他環保材質，都應多留意，掌握以下 7 大要訣：

❶ 不可用來微波、蒸煮食物。

❷ 盡量不盛裝高溫滾燙或太酸的食物。

❸ 不可直接放到熱水或鍋子裡面消毒或清洗。

❹ 建議食物稍微放涼後，再盛裝到餐具，一方面避免有害物質的產生，另一方面也可以預防寶寶燙傷。

❺ 清潔時不要用力刷洗，寶寶食物少油膩，通常只要用清水浸泡，再以海綿或抹布清洗即可。

❻ 如果有刮痕就盡量更新，不要再使用，特別是美耐皿餐具，壽命頂多2年。

❼ 購買時先嗅聞一下，若有刺激性的臭味，可能含有對身體不好的毒素。

1 水杯

長期使用附有吸管的杯子，寶寶會失去練習用手將杯子傾斜的機會。週歲開始，不妨讓寶寶使用耳杯，每次盛裝少量的開水，讓寶寶慢慢練習自己拿水喝。

2 碗

挑選底部平穩、碗緣較低、碗口較寬的，餵食時較不易灑出來。假如擔心寶寶自己動手會打翻、舀食困難，也可考慮有吸盤或碗口內縮的設計。

3 分隔餐盤

使用餐盤可以幫助寶寶更清楚地看見食物，有利於感官的記憶和訓練；至於大一點的孩子，把蔬菜、肉類或水果分開擺放，也有讓孩子認識食物類別的教育作用。

4 叉匙

請留意叉匙外緣是否圓潤不刮手，避免挑選太尖銳的。初期可使用軟質匙面、淺口設計，較容易餵食。待寶寶大一點，再選擇彎嘴設計的學習湯匙，讓他自己動手練習。

★杯子提供：Corn Flower ／快樂海洋餐具組
餐具提供：My Little You ／澳洲竹製餐具

營養食材篇

副食品到底應該提供寶寶哪些營養成分，為成長打好底子呢？在回答這個問題前，我們先來了解，如果寶寶不吃副食品，一直喝ㄋㄟㄋㄟ，將會有什麼影響？**奶粉裡頭雖然有蛋白質、維生素和礦物質等成分，但也容易讓寶寶的飲食長期偏高脂，缺乏纖維和鐵質等營養，造成肥胖或發育遲緩。**隨著寶寶的成長和熱量需求，在奶品之外添加副食品，正好可以補足這部分，所以挑選食材時，也應該將此納入考量。

▌運用天然食材，讓寶寶健康成長！

開始吃副食品的初期，請以五穀根莖類為主，除了易消化吸收，也能提供寶寶蛋白質和醣類；10 個月以上的寶寶活動量更大，可進一步提供肉類，除加強蛋白質的攝取之外，還有脂肪和礦物質等，**特別是鐵質，若長期缺乏，容易影響智能和動作的發展。**

副食品與成人食物不同，寶寶此時的腸胃道尚未發展成熟，小腸絨毛細胞的空隙較大，導致很多成分可能被吸收進入血液，引起身體的過敏免疫反應。

所以建議大家先從「低敏食材」開始嘗試，慢慢地給寶寶的免疫系統少量而多元的刺激，這樣的嘗試接觸可以訓練寶寶的免疫系統，一旦免疫系統產生耐受性時，過敏症狀自然減緩。

> **小常識**
>
> ### 市售的「米精」和「麥精」也算是副食品嗎？
>
> 廣義來說，「米精」和「麥精」也是副食品。很多把拔馬麻在寶寶 4 個月後，會選擇添加在ㄋㄟㄋㄟ裡面餵食，順序是先試米精，等寶寶 6 個月之後再考慮換麥精，因為後者較易引起過敏反應。但是，我擔心市售品有添加物所以並不建議，本書中的全品項食譜，強調天然食材製作，建議大家配合月齡，盡量給予寶寶天然食材製作的食物，吃得更健康安心。

常見食材過敏程度層級表

	低敏食物	中敏食物	高敏食物
適合月齡	6 個月以上	10 個月以上	1 歲以上
蔬菜類	• 紅蘿蔔　• 高麗菜 • 南瓜　　• 莧菜 • 地瓜　　• 青江菜 • 甜菜根　• A 菜 • 馬鈴薯　• 白菜 • 青花菜	• 絲瓜　　• 玉米 • 菇類　　• 芋頭 • 藻類　　• 豌豆	• 筍類　　• 茄子 • 山藥　　• 韭菜
水果類	• 蘋果　　• 芭樂 • 梨子　　• 水蜜桃 • 葡萄　　• 木瓜	• 番茄 • 香蕉 • 香瓜	• 草莓　　• 奇異果 • 芒果　　• 柑橘類
肉類		• 豬肉　　• 雞肉 • 牛肉	• 鴨肉
五穀雜糧 堅果類	• 白米 • 燕麥	• 紅豆　　• 杏仁 • 綠豆　　• 黃豆	• 胚芽米　• 芝麻 • 小麥　　• 花生 • 大豆　　• 核桃 • 黃豆　　• 腰果
奶類		• 起司 • 奶油	• 鮮奶
蛋類		• 蛋黃	• 蛋白
海鮮類		• 白肉魚	• 紅肉魚　• 蛤蜊 • 蝦蟹　　• 蚵仔

註：每個人的過敏體質不同，此表參考綜合的資料，為一般狀況下的食物過敏反應，若有特殊體質者，還是要謹慎地少量測試為宜，不可因為資料標示而降低警覺心。

衛生保鮮篇

食材的新鮮和衛生，比「好吃」更重要！

我常說準備寶寶副食品的關鍵，很多都在「客人看不到的地方」，這個觀念不只適用於經營事業，對於在家自己 DIY 的把拔馬麻也是如此。比起食物好吃與否，「衛生」和「保鮮」更重要！

採買食材之後，必須仔細清洗、處理，確保衛生和易消化；烹煮和保存的過程中，也絲毫不容馬虎。因為寶寶的腸胃和肝臟功能都尚未發展成熟，需要大人做好把關。

所以，正式進入食譜實作前，我還想提醒家長們幾件事。

 ## 食材該如何「清洗處理」？

經常有人問：「蔬果類該用水洗，還是用蔬果清潔劑清洗？如何才能真正清洗乾淨呢？」原則上，如果選購有機蔬果，只要用乾淨的過濾水細心沖洗即可。即使不使用過濾水，普通的自來水也可以，**因為大部分的自來水都含有微量的氯，具有一定的殺菌和氧化效果**。假使仍不放心，最後可以用煮沸過的冷開水再沖洗一次。

至於一般市售蔬果，只要經過清洗去皮加上蒸熟的步驟，也不需要過度擔心清潔問題。如果害怕農藥殘留或蟲卵細菌孳生，以及進口水果為了保存，可能會打蠟、噴灑防腐劑等問題，也可考慮使用天然成分的蔬果清潔劑。例如萃取自椰子、橘皮等對人體無害，同時又具去油漬和殺菌效果的蔬果清潔劑，就可以安心使用。

●「洗菜」小撇步

1 先去除蔬果的根莖部分，將泥塊沙土沖洗乾淨。

2 置於流動的自來水中浸泡 10 ～ 15 分鐘，利用水中的餘氯將農藥氧化，達到殺菌效果。

●「挑菜」小撇步

1 青花菜只取花穗（前端花朵）的部分。

2 去除葉菜類的硬梗，只取嫩葉，莖部或纖維過粗的青菜不適合使用。

●「食材處理」小撇步

1 深色食材用白色砧板，較易發現髒東西。

2 淺色食材、白肉魚（如吻仔魚）則用深色砧板處理。

3 使用不同砧板分別處理蔬菜和肉類；生食和熟食也要分別處理。

2 | 如何保存副食品？

食物當然愈新鮮愈好，但是「天天現煮」實在不容易，尤其是忙碌的雙薪族爸媽，每天回到家已經累癱，但為了寶寶的健康，還是想親手準備安心的副食餐點。這時應該怎麼做呢？

其實，同時兼顧「營養衛生」和「效率」，並非不可能的任務，**每週只要抽出半天的時間做準備，將副食品製成冰磚保存，需要時再加熱食用**，就可以節省很多時間。

很多人會問：「做成冰磚後，營養會不會流失？新鮮度夠嗎？」家長不用過度擔心，現代冰箱功能強大，急速冷凍之下，食物的新鮮程度並不亞於現做。

建議在週末時備好隔週的分量，先將食材加熱：米飯、肉類、根莖類用蒸的；葉菜類則先汆燙。接著再酌量加水，用食物處理機或研磨器磨碎攪拌，再分裝至適合的製冰盒，放涼後置入冷凍庫即可。

一般來說，水果泥、蔬菜泥、米糊、白粥、高湯等，都很適合製成冰磚。

剛開始可以選擇尺寸較小的製冰盒，比較容易掌握寶寶的食量，等寶寶食量增加後，再換成大一點的製冰盒比較省事。

此外，冰磚一旦取出加熱之後，就不可再重複冷凍，也不要隔餐食用。因為常溫下可能會孳生細菌，而且無論再次冷凍或冷藏，皆無法確保衛生安全無虞。其實副食品的分量都不多，若不想浪費，家長幫忙解決也不失為一個好方法。

簡單 2 步驟，輕鬆做「冰磚」

製冰盒有許多不同的形狀，長條型製冰盒適合放米麵等澱粉類主食，方型製冰盒則適合放各種肉泥、蔬果泥等。也可選購特殊造型的置冰盒，繽紛可愛的冰磚，除了吸引寶寶的目光，就連把拔馬麻也樂在其中呢！

Step 1

先估算冰磚容量

買回製冰盒後，先用量杯裝水進製冰盒，將總容量除以格數，就能計算出每顆冰磚的容量，方便日後準備材料和烹煮分量的拿捏。

Step 2

不同食材，分別盛裝

將烹煮、攪拌完成的食物，放涼後再分別倒入製冰盒內，單一食材盡量使用單獨的製冰盒，避免味道混雜，影響副食品的口感和新鮮度。

Point

❶ 盛裝時，格子之間盡量不要相連，取出冰磚時比較不費力。

❷ 如果很難取出，不妨用開水稍微沖洗底部，通常都能輕鬆脫膜。但要避免開水滲入冰磚，稀釋掉營養成分。

冰磚保存小技巧

① 在冷凍庫內留一專區，避免副食品的製冰盒與其他魚肉生鮮等混雜，造成異味汙染。

② 使用有蓋製冰盒或套上保鮮袋，避免被汙染。另外可在保鮮袋上標註製造日期和名稱。

③ 冷凍期以一週為限，愈快食用完畢愈好。超過一週以上的冰磚，不宜再加熱給寶寶吃。

④ 食用時請取出冰磚直接加熱，切忌於室溫下慢慢退冰，容易滋生細菌；也要避免反覆解凍，若當餐吃不完，請做廚餘回收。

3 | 外出時，如何保鮮副食品？

製作副食品和寶寶餐點的過程中，完全未添加任何防腐劑，加上很少調味，比起重口味的大人食物更容易酸腐，因此必須非常注意保鮮。

碰上外出或旅行時，該如何解決寶寶的三餐呢？**若是半天內的短暫外出，可以將現做的新鮮食物泥、粥品，或是冰磚加熱後，倒入保溫瓶內保存，盡量一次餵食完畢，避免久放或在室溫下反覆取出。**

冬天時安排半天外出，假如有地方可以加熱，也可考慮將冰磚分裝在夾鍊袋內，用冰寶和保冷袋存放，盡量在冰磚融化之前，以微波爐或電鍋加熱，並一次食用完畢。

超過半天以上的外出活動，建議攜帶簡易的研磨器或食物剪等工具，挑選新鮮水煮的蔬果或調味清淡的食物（若能以開水稍加沖洗更佳），當場應變製作，將食物研磨或剪碎至寶寶適口的程度，更能確保寶貝吃得衛生健康。

外出保鮮小技巧

Step

1

將新鮮溫熱的粥品
倒入保溫瓶內，要
吃時直接食用。

Step

2

將冰磚分類後放入
夾鏈袋，再連同冰
寶，一起放入保冷
袋裡面，寶寶要吃
時再拿出來加熱。

Point

❶ 餵食前，大人最好先嘗一口，確保食物的新鮮度。

❷ 外出準備的分量不宜過多，**務必一次食用完畢**，吃不完的部分，只能丟棄或由
大人解決，千萬不能再給寶寶吃。

❸ 無論保溫瓶或保冷袋，保鮮效果都有限，不宜超過 4 小時，尤其是夏天高溫時，
食物容易餿壞，要特別留意。

Part 4

新手爸媽也能輕鬆上手的 150 道美味食譜

營養均衡、無添加的安心配方

　　說到要進廚房替寶寶準備副食品，很多家長第一個反應是：「我不太會煮菜怎麼辦？」對於這樣的焦慮，身為過來人的我們常開玩笑說：「只要做到乾淨衛生，其實寶寶是最不挑嘴的客人。」不只這樣，看到寶寶賞臉吃光光，下廚的自信心頓時大增，也會愈做愈有興趣！

　　為了讓初次嘗試副食品製作的人，能夠更加得心應手，本章除了完整提供瀚克寶寶全品項150道的食譜材料和作法，另外也整理歸納出各階段食物泥、高湯、粥品、麵食等的關鍵步驟，以及寶寶進食的注意事項。

「全營養食譜」使用說明

　　針對 0 ～ 5 歲的嬰幼兒，本書介紹 9 大類的副食品，家長可以依據寶寶的年齡及需求製作。食譜中的適用月齡是按照寶寶不同階段的身心成長，建議可嘗試的配套飲食。但每個孩子都是獨特的，還需考量身心發展的快慢或體質，父母必須花心思觀察了解，才能給寶寶最佳的照顧。

如何拿捏副食品的「製作分量」？

　　每一餐都新鮮現做是最理想的狀況，但寶寶食量小，加上製作器具如攪拌棒或果汁機，如果食材分量太少，運轉反而不易。**建議每一次製作「單日分量」的副食品（每日 3 ～ 5 餐），既方便又能維持新鮮衛生。本書食譜的材料克數，是符合該階段寶寶月齡的「每日分量」**，如果考慮時間效率，也可以自行調整，採相等比例的增加克數，每週製作冰磚 1 ～ 2 次，食用時再加熱即可。但海鮮魚類的粥品或麵飯和湯類，建議要當日新鮮現做，避免酸壞生菌。

如何不讓寶寶餐煮得過鹹？副食品的「調味原則」

　　做菜時難免會依照自己的口感調味，副食品要如何調味才不會過鹹或過甜呢？只要掌握下列的調味說明，就能輕鬆料理出健康天然的寶寶餐喔！

副食品調味量	大人餐調味量	說明
無調味	不加任何調味	完全不調味
低調味	3 分鹹	大人餐放一匙鹽，低調味只需放大人餐的 3/10
中調味	5 分鹹	只需放大人餐調味量的一半
重調味	7 分鹹	只需放大人餐調味量的 7/10
低調味（甜粥類）	4 分甜	大人餐是一匙糖，低調味只需放大人餐的 4/10

親手做一道，新鮮又健康的愛心副食

　　本書食譜可以單獨食用或搭配麵飯粥品。如果需要搭配時，**請先以寶寶的食量為基準，小碗盛裝後，再佐以配料如食物泥或燴料等**。吃多少準備多少，千萬不要把食物泥直接拌入一鍋粥裡，或是把麵條全部放入燴料，避免風味失準，吃不完時也容易酸壞。

副食品類型	適用月齡	調味量	頁數
1 食物泥	5 個半月以上	無	P54
2 高湯、米糊、燕麥糊	5 個半月以上	無	P66
3 蔬果高湯粥	6 個月以上	無	P78
4 雞腿骨蔬果高湯粥	10 個月以上	無	P93
5 甜味蔬果高湯粥	12 個月以上	低調味＝4 分甜	P116
6 香醇貝殼麵、奶香燉飯	15 個月以上	低調味＝3 分鹹	P124
7 健康美味燴料	18 個月以上	低調味＝3 分鹹	P147
8 燉湯麵線、低鹽炒飯	20 個月以上	中調味＝5 分鹹	P160
9 幼兒專區	3～5 歲	重調味＝7 分鹹	P169

食物泥

讓寶寶愛上吃飯的第一道食譜

◉ 調味量：無　　　　　　　　◉ 餵食建議：單獨食用或添加在粥品裡
◉ 適用月齡：5 個半月以上

　　5 個月以上的寶寶，如果沒有嚴重的過敏或其他狀況，就可以開始嘗試副食品，由流質食物漸漸進入半流質了。這個階段，主食還是母奶或配方奶，副食品只是少量嘗試，把拔馬麻不用擔心寶寶不肯吃副食品或是吃太少，只要ㄋㄟㄋㄟ喝夠就好。

● 從「根莖類蔬果」開始嘗試

　　建議先從低敏的根莖類蔬菜，像是南瓜、地瓜和甜菜根開始製作副食品，**一次只吃一種，不要混合餵食，才能確定寶寶是否對該食物過敏。**如果連續餵食幾天都無異狀，就可以嘗試其他食材，慢慢擴展寶寶對於食物的體驗。

● 10 個月後再開始嘗試「肉泥」

　　很多家長認為吃肉比較營養，一開始就餵食肉泥，其實副食品並非這階段的主要營養來源，寶寶主食的ㄋㄟㄋㄟ已經含有充足的營養素。5 個月大的寶寶，腸胃尚未健全，副食品還是應以蔬果為主，肉泥可以等到 10 個月再嘗試。**蛋也不要太早餵食，10 個月大的寶寶可以先從蛋黃開始嘗試。**

● 千萬不要添加調味料

　　特別提醒，嬰幼兒的解毒能力還未發展完全，這個階段的副食品嚴禁添加調味料，而且除了水果泥之外，其他製作副食品的蔬果皆需經過蒸煮等步驟，千萬不要讓幼兒生食，避免危害健康。

寶寶到底吃了多少？
只要 3 步驟，精準測量

餵食副食品的過程有時猶如世界大戰，混亂之中，到底寶寶吃進去多少？還真是令人傷腦筋！雖說一開始不需在意餵食分量，但透過下面的簡單步驟，把拔馬麻還是能夠掌握寶寶的食量，當作日後準備食材及餵食的參考。

Step 1

先測量「空碗＋湯匙」的重量

Step 2

測量「餐具＋副食品」的重量

Step 3

寶寶吃完後，再量「餐具＋剩餘副食品」的重量

只要 **3** 步驟，DIY食物泥超簡單！

水果類

Step 1
洗淨後，去皮切塊

Step 2
直接研磨成泥狀

Step 3
纖維較多的水果
可用研磨棒

Point

❶ 製作水果泥時，通常水果本身的水分已足夠，不用再另外加水。

❷ 除了攪拌棒或果汁機，也可用濾網、研磨器等器具處理食物泥或水果泥。

❸ 若水果纖維過多，需濾渣後再餵食。

根莖類

Step 1
徹底洗淨去皮

Step 2
切塊後用電鍋蒸熟，
靜置放涼

Step 3
再用攪拌棒打成泥

Point

❶ 蒸食務必使用煮沸的開水或過濾掉氯的水，因為氯有致癌的危險。

❷ 少量製作時，攪拌棒比果汁機方便，可以避免一半的食材都黏在果汁機裡被
「吃掉」，清洗果汁機也較花時間。

葉菜類

Step 1

切除根莖部分，
只留花穗部位

Step 2

燙熟後撈起，
用冷開水急速保鮮

Step 3

攪拌打成蔬菜泥

Point

❶ 寶寶的便祕問題困擾很多家長，除了增加水分的攝取，給予適量的水果泥和蔬菜泥可以有效改善。

❷ 處理葉菜類時，務必去掉硬梗和粗莖的部分。挑選葉菜時，如果有部分枯黃，則代表不夠新鮮，不宜製作副食品。

肉 泥

Step 1

將肉洗淨後，
切成肉絲或肉丁煎熟

Step 2

放涼後，放入攪拌器

Step 3

攪拌打成肉泥

Point

❶ 先將肉絲乾炒，逼出多餘油脂，同時增加香氣，冷卻後打成泥又香又綿密！

❷ 也可以先將肉蒸煮後打泥，不過水分容易流失，肉質會變老，影響口感。

南瓜泥

富含膳食纖維及維生素 A，自然的甜味寶寶超愛！

材 料

南瓜 300 克

作 法

❶ 南瓜洗淨削皮、切塊。

❷ 放入電鍋，外鍋加一杯開水，蒸熟後取出放涼。

❸ 加入適量開水，用攪拌器將蒸熟的南瓜打成泥。

★ POINT ★

❶ 根莖類蔬果打泥時，不一定要加水，若寶寶喜歡口感較稀的蔬菜泥，可酌量加水。

❷ 有些品牌的攪拌棒是塑膠材質，建議食物蒸熟後，先放涼再攪拌比較好。

❸ 6 個月以下的食物泥愈細愈好，因為寶寶初期常會抗拒有顆粒感的食物。

❹ 部分食材如甜菜根、紅蘿蔔等，餵食後寶寶的便便也會改變顏色，這是天然色素排出，屬於正常現象，請不用擔心。

甜菜根泥

甜菜根富含鉀、磷、鐵與易吸收的糖，幫助消化。

5個半月以上　富含鉀磷鐵　幫助排便

材 料　甜菜根 300 克

作 法　❶ 甜菜根洗淨削皮、切塊。
　　　　❷ 放入電鍋，外鍋加一杯開水，蒸熟後取出放涼。
　　　　❸ 加入適量的水，用攪拌器將甜菜根打成泥。

馬鈴薯泥

高營養、低脂肪，富含維生素 C 和鉀。

5個半月以上　富含維生素C　補充蛋白質

材 料　馬鈴薯 300 克

作 法　❶ 馬鈴薯洗淨削皮、切塊。
　　　　❷ 放入電鍋，外鍋加一杯開水蒸熟。
　　　　❸ 加入適量開水，用攪拌器將馬鈴薯打成泥。

綜合水果泥

富含善食纖維,口感微甜,果香濃郁,寶寶接受度高。

材 料

鳳梨 100 克、蘋果 100 克、芭樂 100 克

作 法

❶ 鳳梨和蘋果削皮、切塊,芭樂挖籽後切塊備用。

❷ 先將鳳梨用研磨器磨成水狀,再加入其他水果繼續打成泥。

★ POINT ★

鳳梨

鳳梨含有「鳳梨蛋白」,可能引起少數人的過敏反應,第一次嘗試時降低用量,觀察寶寶有無特殊反應,如果沒有就可放心食用!或是去皮切塊後,先用熱開水燙煮過,能清除過敏物質。大人食用時可泡鹽水,但寶寶不行,會攝取過多鹽分引起腎臟問題。

青花菜泥

含維生素和鈣質，同時具抗氧化、抗炎等成分。

材料

青花菜 300 克

作法

❶ 青花菜只取花穗部分，洗淨備用。
❷ 煮一鍋水，待水滾後放入約2分鐘，變色後，等水再度滾開即可取出。
❸ 撈起後放入冷開水中，浸泡保鮮。
❹ 再用攪拌器攪打成泥。

★ POINT ★

青花菜

　　「青花菜」的營養價值較「花椰菜」還高，它富含維他命 A、C，還能增強視力。選購時，以花球表面密集者為佳，愈新鮮的青花菜，花球顏色愈脆嫩；假如放置太久，花球容易轉黃且萎縮、疏鬆，不可用來製作副食品。

地瓜泥

5 個半 月以上 ・ 容易 消化 ・ 幫助排 便順暢

口感香甜易入口，纖維多，能幫助寶寶消化。

材 料　地瓜 300 克

作 法
① 地瓜洗淨削皮、切塊。
② 放入電鍋，外鍋加一杯開水，蒸熟取出。
③ 加入適量開水，用攪拌器將地瓜打成泥。

綜合根莖果泥

5 個半 月以上 ・ 營養 價值高 ・ 提升 免疫力

β - 胡蘿蔔素在體內會轉為維生素 A，能增強抵抗力。

材 料　馬鈴薯 100 克、地瓜 150 克、紅蘿蔔 100 克、甜菜根 50 克

作 法
① 將上述材料分別削皮、切塊。
② 放入電鍋，外鍋加一杯開水，蒸熟後取出。
③ 加入適量開水後攪打成泥。

綜合蔬菜泥

菠菜富含鐵質和類胡蘿蔔素、葉酸、膳食纖維和多種維他命。

材 料

菠菜 50 克、A 菜 50 克、小白菜 100 克、青江菜 50 克

作 法

1. 將食材洗淨切小段。
2. 煮一鍋水，待水滾後再將材料放入燙熟。
3. 撈起後，放入冷開水中浸泡保鮮。
4. 用攪拌器將所有蔬菜打成泥。

★ POINT ★

1. 硬梗要切除，只使用嫩葉部分，避免纖維太多，寶寶不易消化吸收。
2. 拌入米糊、白粥都很適合，可避免菜味太重。
3. 小白菜的菜味比較輕，可以多加一點，平衡口感。

雞肉泥

雞肉是容易消化的肉類，加上蛋白質、
鈣、磷、鐵、維生素，十分滋補。

10 個月
以上

優良
蛋白質

營養
好吸收

材料

雞肉 500 克

作法

❶ 雞肉洗淨，切片或切小丁。

❷ 熱鍋後放入雞肉，以小火炒熟，觀
察肉是否已變色全熟。

❸ 起鍋放涼後，再用攪拌器打成泥即
完成。

Tip 第一次製作肉泥時，以 500 克
嘗試比較容易，等掌握成品分
量後，可以自行調整克數。

牛肉泥

牛肉是鐵質含量最高的肉類，同時富含蛋白質及維生素A、B群、鋅、鈣、胺基酸等營養。

材 料

牛肉 500 克

作 法

❶ 牛肉洗淨切絲。

❷ 熱鍋，將牛肉絲以小火炒熟，觀察肉是否已變色全熟。

❸ 起鍋放涼後，再用攪拌器打成泥即完成。

★ POINT ★

❶ 盡量不另外放油。

❷ 肉泥單獨餵食可能味道較重，建議加入燕麥糊、米糊、白粥或其他麵食裡，拌勻即可食用。

2 高湯、米糊、燕麥糊

為寶寶打下健康的基礎！

🍚 調味量：無 　　　　🍚 餵食建議：單獨吃，也可加入食物泥
🍚 適用月齡：5 個半月以上

　　副食品的製作步驟雖然簡單，但準備起來也很費時，為了幫助父母輕鬆上菜，從熬一鍋營養好湯開始，接著自己動手做米糊。熟練後就能以米糊和燕麥糊為基底，加入各式蔬菜泥及肉泥，變化出更多元的美味寶寶餐囉！

● 哪些食材適合熬煮「寶寶高湯」？

　　5 個月大的寶寶，腸胃還無法負擔油脂，可以用哪些食材熬煮高湯呢？**建議選擇高麗菜、蘋果、玉米、紅蘿蔔、白蘿蔔、洋蔥等熬煮蔬菜高湯，**如果沒有特別的過敏反應，可以加入昆布熬湯，攝取豐富鈣質。10 個月之後，也可更換成豬肋骨或雞腿骨增加口味的變化。

● 擔心過敏可從「米糊」開始嘗試

　　市售的米精和麥精雖然方便，但仍可能有添加物。自己動手熬粥打成米糊比較安心。**很多人擔心穀類所含的麩質容易引起過敏，建議先從低敏易吸收的米糊開始餵食，**如果寶寶適應良好，再進一步餵食燕麥糊。

可以用「奶瓶」餵食副食品嗎？

　　有些媽媽會把米糊或燕麥糊煮得很稀，然後加入奶粉用奶瓶餵食，除非有特殊考量，否則並不建議這麼做。因為用湯匙餵食更好，除了鍛鍊寶寶的咀嚼能力外，米糊和燕麥糊經過口水唾液的分解作用，會變得容易消化吸收。

「寶寶安心高湯」
基本製作 4 步驟

高湯可以直接給寶寶喝，也可用來煮飯熬粥；或是加入米糊裡面，增加營養。

Step 1 將雞骨頭洗淨，
汆燙 2 遍後備用。

Step 2 蔬菜洗淨切段，加水至八分滿
煮開，水滾後用小火熬 2 小時。

Step 3 接著放入汆燙好的骨頭，
續煮 1 小時，共熬煮 3 小時。

Step 4 將高湯瀝出放涼，
再撈掉浮油。

Point

❶ 完全不加調味，熬煮過程中，可酌量加水稀釋，避免高湯太濃稠。

❷ 水量大約加至八分滿，能覆蓋過食材即可。

❸ 依鍋具大小調整分量，蔬菜可視個人口感喜好，肉骨不要太多，避免油膩。

總匯蔬果高湯

5 個半月以上　營養豐富　口感鮮甜

蔬果熬煮的素湯，清爽無負擔，不需調味就吃得到天然甜味。

材 料

高麗菜 1/4 顆、蘋果 1 顆、玉米 1 根、紅蘿蔔 1 根、白蘿蔔半根、洋蔥 1 顆

作 法

❶ 高麗菜剝成小片、玉米、蘋果去蒂去皮、紅蘿蔔去皮、白蘿蔔削皮、洋蔥對切去皮。

❷ 將食材放入鍋中，加水至八分滿（覆蓋過食材），再以小火熬煮 3 小時。

❸ 水分若減少，可再加入適量的水，再熬煮 20 分鐘即可。

★ POINT ★

　　全蔬果的素高湯，適合月齡較小或腸胃敏感的寶寶，自然甘甜的口感，完全不需加任何調味，就能吃到豐富的營養成分。

昆布綜合蔬果高湯

加入昆布熬出清澈淡茶色的湯頭，口感更添鮮味。

材 料

高麗菜 1/4 顆、蘋果 1 顆、玉米 1 根、紅蘿蔔 1 根、白蘿蔔半根、洋蔥 1 顆、昆布 100 克

作 法

❶ 高麗菜剝成小片、玉米切段、蘋果去蒂去皮、紅蘿蔔去皮、白蘿蔔削皮、洋蔥對切去皮、加入昆布。

❷ 將食材放入鍋中，加水至八分滿（覆蓋過食材），再以小火熬煮 3 小時。

❸ 水分若減少，可再加入適量的水，再熬煮 20 分鐘即可。

★ POINT ★

昆布

「昆布」富含 DHA、EPA 等被稱為「海洋維他命」的營養成分，並有多種礦物質如鉀、鈣等。此外，昆布豐富的食物纖維還能促進腸道蠕動、改善便祕。

冰之骨蔬果高湯

藉由肉骨熬湯，攝取必要的油脂，有助寶寶的成長。

10 個月以上　　多種維他命　　口感豐富

材料

豬肋骨 300 克、高麗菜 1/4 顆、蘋果 1 顆、玉米 1 根、紅蘿蔔 1 根、白蘿蔔半根、洋蔥 1 顆

作法

❶ 豬肋骨切段、高麗菜剝成小片、玉米切段、蘋果去蒂去皮、紅蘿蔔去皮、白蘿蔔削皮、洋蔥對切去皮。

❷ 將材料❶放入鍋中，加水至八分滿（覆蓋過食材）後煮開，水滾後以小火熬煮 2 小時。

❸ 水分減少後，再將汆燙過的豬肋骨，續煮 1 小時，共熬煮 3 小時完成。

❹ 將高湯瀝出放涼，再撈掉浮油，即可分裝、冷凍，需要時取出使用。

★ POINT ★

❶ 再次提醒把拔馬麻，豬大骨含鉛量高，記得選用豬肋骨熬湯，寶寶才能吃得安心。

❷ 熬湯時，最後 1 小時再放入豬肋骨，避免高湯太濃稠油膩，幫助寶寶更容易消化吸收。

雞腿骨蔬果高湯

10 個月以上　天然油脂　強化體力

比清湯更濃郁一點，搭配煮粥或飯，營養加分。

材料

雞腿骨 300 克、高麗菜 1/4 顆、蘋果 1 顆、玉米 1 根、紅蘿蔔 1 根、白蘿蔔半根、洋蔥 1 顆

作法

❶ 雞腿骨切段、高麗菜剝成小片、玉米切段、蘋果去蒂去皮、紅蘿蔔去皮、白蘿蔔削皮、洋蔥對切去皮。

❷ 將材料❶放入鍋中，加水至八分滿（覆蓋過食材）煮開，水滾後小火熬 2 小時。

❸ 水分減少後，再將汆燙過的雞腿骨，續煮 1 小時，共熬煮 3 小時完成。

❹ 將高湯瀝出放涼，再撈掉浮油，即可分裝、冷凍，需要時取出使用。

★ POINT ★

❶ 撈油有撇步，將高湯放涼後，放入冰箱冷藏，隔夜浮油會結成一層油片，很容易就能刮除。

❷ 如果沒有雞腿骨，用雞胸骨或其它部位的雞骨也行，原則是要處理乾淨。

寶寶最愛「原味米糊」基本製作

比起現成方便的米精或麥精，我更推薦用白米熬煮的米糊，雖然去除胚芽和米糠層後的白米，營養成分不如糙米，但能因此降低寶寶的過敏反應，可說是東方寶寶第一道穀類副食品的最佳選擇。建議初期少量製作，從稀淡到濃稠，慢慢讓寶寶適應不同於母乳的口感。

Step 1 白米加入高湯與水，以小火熬煮成白粥。

Step 2 待冷卻後，用攪拌器打成糊狀即完成。

Step 3 可拌入燕麥片或其他食物泥一起食用。

Point

❶ 水量決定米糊和燕麥糊的濃稀程度，口感也會不同。米：水基本比例【米湯為 1：10】、【米糊為 1：7】、【米粥為 1：5】（米粥經攪打後即為米糊）。

❷ 燕麥片要先加開水攪拌打勻，再分次加入白粥，慢慢攪打到適合的濃稠度。此外，水分也不宜過多，否則餵食時容易流出來，寶寶無法含在嘴巴內咀嚼。

原味米糊

Point

❶ 剛開始可以從米湯嘗試，
　慢慢增加濃稠度。

❷ 米糊選用白米，容易吸
　收，對寶寶的腸胃負擔較
　小，適合剛開始吃副食品
　的幼兒。至於胚芽米糊或
　糙米糊，營養成分雖然更
　高，但易引發過敏，建議
　12 個月以上再食用。

★ POINT ★

　　等寶寶適應米糊後，可考慮加入單一食物泥，將地瓜、南瓜或甜菜根
切塊蒸熟後加水打成泥，拌入米糊，增加營養和變化。

燕麥米糊

5 個半月以上　富含鈣鐵　接受度高

燕麥富含維生素 B 群、E 及蛋白質，建議 5 個半月大的寶寶可以開始嘗試。

材料

1 杯米、2 杯水、3 杯昆布高湯、沖泡式燕麥粉適量

作法

❶ 將米加入高湯與水，以小火熬煮成粥品。

❷ 粥放涼後，取單餐分量加入燕麥粉，用攪拌棒打成泥狀。

Tip

若使用燕麥片，要先加少許開水攪打拌勻至糊狀，再分次加入白粥中慢慢攪打。若一次將全部燕麥糊放入整碗粥中，不但難以攪拌，還會有顆粒感。

地瓜燕麥米糊

穀物的口感比較不討喜，加上甘甜的地瓜更能開胃。

材 料

地瓜 100 克、燕麥粉適量、1 杯米、2 杯水、3 杯昆布高湯

作 法

1. 地瓜削皮切塊，蒸熟放涼後，再攪打成泥。
2. 將米加入高湯與水，以小火熬煮成粥品。
3. 粥放涼後取單餐分量加入燕麥粉，以攪拌棒打成泥狀。
4. 最後加入適量的地瓜泥拌勻。

甜菜燕麥米糊

5 個半月以上　自然甜味　促進消化

寶寶的便祕問題常令人困擾，不妨嘗試這個
天然的高纖組合！

材料

甜菜根 100 克、燕麥粉適量、1 杯米、
2 杯水、3 杯昆布高湯

作法

❶ 甜菜根削皮切塊，蒸熟後放涼，再
攪打成泥。
❷ 將米加入高湯與水，以小火熬煮成
粥品。
❸ 粥放涼後，取單餐分量加入燕麥
粉，以攪拌棒打成泥狀。
❹ 最後加入適量的甜菜根泥。

★ POINT ★

　　五穀根莖類是醣類的主要來源，也是熱量的最佳補給，如果寶寶不愛喝ㄋㄟㄋ
ㄟ或是奶量慢慢減少，建議將食物泥加入燕麥米糊中，定時餵食，滿足成長所需。

南瓜燕麥米糊

口感香甜易入口、纖維多，能幫助寶寶消化。

材料

南瓜 100 克、燕麥粉適量、1 杯米、2 杯水、3 杯昆布高湯

作法

❶ 南瓜削皮切塊，蒸熟放涼後，加入半杯開水打成泥。

❷ 將米加入高湯與水，以小火熬煮成粥品。

❸ 粥放涼後，取單餐分量加入燕麥粉，用攪拌棒打成泥狀。

❹ 最後加入適量的南瓜泥拌勻即可。

★ POINT ★

　　米糊具飽足感，但配合寶寶的食量，如果擔心白米的比例太高會引起過敏，不妨添加其他食材如南瓜或甜菜根等，降低米飯的攝取量，也讓營養更均衡。

蔬果高湯粥

零調味，善用食材的混搭變化，口感還是一級棒！

調味量：無　　　　　　餵食建議：單獨食用
適用月齡：6 ～ 10 個月以上

　　當寶寶能接受的食物種類愈來愈多時，不妨加點變化為副食品添色彩。只要掌握幾個搭配原則，還能兼顧多種食物的營養。千萬別把食物全部混在一起煮到軟爛，培養寶寶對食物的品味，就從副食品的製作開始。

　　副食品也可以運用五色蔬果的健康概念，不同色系的蔬果，有其獨特的營養成分和功效，能幫助寶寶的成長發育，把拔馬麻可以參考下方表格，準備全營養的寶寶副食大餐。端上桌時，也可放在分格餐盤內，呈現食物的繽紛感，既能促進食慾，也讓寶寶學習分辨不同食物的口感。

● 五色繽紛蔬果，打造全營養副食大餐

	蔬果名稱			營養成分	益處
紅色	番茄	甜菜根	紅蘿蔔	茄紅素、鞣花酸等	消化 · 泌尿道
橘黃色	玉米	南瓜	地瓜	葉黃素、檸檬黃素等	皮膚 · 眼睛
綠色	葉菜類	青花菜	豌豆	花青素、類黃酮素等	視力 · 骨骼 · 牙齒
藍紫色	香菇	芋頭	海藻類	花青素及核黃素等	腎臟 · 腦
白色	洋蔥	山藥	蘿蔔	大蒜素、檞皮素等。	骨骼 · 血管

分開處理，確保口感和新鮮

　　為了讓各種食材保持原有風味，請分開處理，才能維持口感和新鮮度。根莖類如地瓜、馬鈴薯、南瓜等，適合用蒸的，易熟又不會變色；蔬菜類如小白菜、菠菜等，氽燙後泡冷開水更能保持新鮮度。盡量將食物分別打成食物泥後，再拌入粥品內食用，才能吃到食物真正的味道。

菇類、藻類、玉米等

Step 1 挑選洗淨後，切成適當大小

Step 2 再用滾水燙熟

Step 3 放涼後打成泥狀，酌量加水避免太稠

 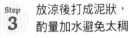 

煮一鍋新鮮白粥

食材比例為 1 杯米、2 杯水、3 杯高湯

Step 1 1 杯米加 2 杯水

Step 2 再加 3 杯高湯

Step 3 熬煮成軟熟白粥

小常識

如何挑選好米？

❶ 優先選擇在地米。

❷ 聞一聞有沒有米香？如果有霉味就不行。

❸ 摸摸看米粒有沒有很多粉末？如果很少，表示氧化程度低；很多就是氧化嚴重，不夠新鮮。

❹ 選米粒充實飽滿，透明有光澤，大小比較一致的，代表品質好；相反的，如果米粒有異色，變黃或非透明的，大小也不一，即表示品質或保存狀況不佳。

綜合蔬菜泥粥

6 個月以上　富含纖維　促進代謝

綠色蔬菜含有多種維生素和植化素等營養成分,可提升免疫力。

材料

菠菜 50 克、A 菜 50 克、小白菜 100 克、青江菜 50 克、1 杯米、2 杯水、3 杯昆布高湯

作法

1. 將 1 杯米、2 杯水、3 杯高湯煮成白粥。
2. 蔬菜切小段。
3. 水滾後放入,約煮 1 分鐘(變色),撈起後放入冷開水浸泡保鮮。
4. 用攪拌器將蔬菜打成泥。
5. 適量加入單餐分量的粥中,攪拌均勻即可。

★ POINT ★

菠菜

菠菜富含鐵質與類胡蘿蔔素、葉酸、膳食纖維、維他命 C、B1、B2 等,可改善貧血並促進腸胃蠕動,堪稱蔬菜之王。挑選菠菜時以葉片肥厚、色澤翠綠、莖直挺無彎折的品質較好。有時泥沙較多,可用清水多沖洗幾次,即可開始烹調。

地瓜甜菜根泥粥

以肉質根為食用部分的根莖蔬菜，除膳食纖維外，
還有優質蛋白和營養。

材 料

1 杯米、2 杯水、3 杯昆布高湯、地瓜
100 克、甜菜根 50 克

作 法

❶ 將 1 杯米、2 杯水、3 杯高湯先煮
成粥待用。

❷ 地瓜、甜菜根削皮切塊，蒸熟後打
成泥。

❸ 適量加入單餐分量的粥中，攪拌均
勻即可。

★ POINT ★

甜菜根

　　古希臘神話中，甜菜根被稱為「阿波羅的禮物」，在草藥裡
保持極高的地位，相當於中國的靈芝。甜菜根富含維他命 B12 與
鐵質，營養價值高，高纖維可以幫助寶寶排便。挑選時以個頭小、
扎實有重量的為佳，愈大反而愈不甜。

地瓜青花菜泥粥

地瓜甜度高，可調合青花菜的菜味，讓口感更容易被寶寶接受。

材料

1 杯米、2 杯水、3 杯昆布高湯、地瓜 100 克、青花菜 50 克

作法

❶ 將 1 杯米、2 杯水、3 杯高湯先煮成粥待用。

❷ 地瓜削皮切塊，蒸熟後打成泥。

❸ 青花菜只取花穗部分，用滾水燙熟後撈出放入冷開水冷卻，打成泥。

❹ 分別將地瓜泥與青花菜泥適量加入單餐分量的粥中，攪拌均勻即可。

★ POINT ★

「蔬果高湯粥品」系列的食譜，適合 6～10 個月大的寶寶，因此選用無添加肉類的昆布高湯熬煮。若要給 10 個月以上的寶寶吃，可改用肉骨高湯熬煮，營養更加分喔！

地瓜紅蘿蔔泥粥

6 個月以上　含維生素 A　幫助骨骼發育

深色蔬菜的營養成分高於淺色蔬菜，地瓜和紅蘿蔔是最佳代表。

材 料

1 杯米、2 杯水、3 杯昆布高湯、地瓜 100 克、紅蘿蔔 50 克

作 法

1. 將 1 杯米、2 杯水、3 杯高湯先煮成粥待用。
2. 地瓜、紅蘿蔔削皮切塊，蒸熟後打成泥。
3. 將②適量加入單餐分量的粥中，攪拌均勻即可。

★ POINT ★

地瓜

　　富含膳食纖維的地瓜，可以幫助寶寶的「嗯嗯」順利。紅肉綿密，黃肉鬆軟，挑選外皮無蟲傷、形狀完整、拿起來沉甸甸的為佳。雖然地瓜連皮吃可以保留更多養分，但製作寶寶副食品時，還是削皮使用，避免未洗淨的土壤內有細菌。

南瓜青花菜泥粥 1

材料

1 杯米、2 杯水、3 杯昆布高湯、南瓜 100 克、青花菜 50 克

作法

❶ 將 1 杯米、2 杯水、3 杯高湯先煮成粥待用。
❷ 南瓜削皮切塊，蒸熟後打成泥。
❸ 青花菜只取花穗部分，用滾水燙熟後撈出放入冷開水冷卻，打成泥。
❹ 分別將適量❷、❸加入單餐分量的粥中拌均。

南瓜紅蘿蔔泥粥 2

材料

1 杯米、2 杯水、3 杯昆布高湯、南瓜 100 克、紅蘿蔔 50 克

作法

❶ 將 1 杯米、2 杯水、3 杯高湯先煮成粥待用。
❷ 南瓜、紅蘿蔔削皮切塊，蒸熟後打成泥。
❸ 適量加入單餐分量的粥中，攪拌均勻即可。

南瓜甜菜根泥粥 3

材料

1 杯米、2 杯水、3 杯昆布高湯、南瓜 100 克、甜菜根 50 克

作法

❶ 將 1 杯米、2 杯水、3 杯高湯先煮成粥待用。
❷ 南瓜、甜菜根削皮切塊，蒸熟後打成泥。
❸ 適量加入單餐分量的粥中，攪拌均勻即可。

★ POINT ★

南瓜

從灰姑娘的南瓜馬車，到萬聖節的南瓜燈，南瓜在西方一直具有特殊地位。南瓜富含膳食纖維，能讓寶寶消化順暢，但是攝取過多的胡蘿蔔素也容易讓皮膚變黃，雖然一陣子就會褪掉，但還是酌量為宜。挑選南瓜時，選擇外皮無傷、蒂頭及形狀完整者為佳，拿起來愈重愈好。

馬鈴薯地瓜青花菜泥粥

馬鈴薯和地瓜含醣量高、甜度也較高，加入青花菜可稍微平衡。

材料 1 杯米、2 杯水、3 杯昆布高湯、馬鈴薯 50 克、地瓜 100 克、青花菜 50 克

作法
1. 將 1 杯米、2 杯水、3 杯高湯先煮成粥。
2. 地瓜、馬鈴薯削皮切塊，蒸熟後打成泥；再取青花菜的花穗，燙熟後放入冷開水中冷卻，打泥備用。
3. 將❷適量加入單餐分量的粥中拌勻即可。

馬鈴薯地瓜綜合菇泥粥

菇類是高蛋白、低脂、富天然維生素的優質食材。

材料 1 杯米、2 杯水、3 杯昆布高湯、馬鈴薯 50 克、地瓜 100 克、菇類 50 克

作法
1. 將 1 杯米、2 杯水、3 杯高湯先煮成粥。
2. 地瓜、馬鈴薯削皮切塊，蒸熟後打泥；菇類洗淨去蒂，燙熟後打泥。
3. 將❷適量加入單餐分量的粥中拌勻即可。

馬鈴薯地瓜甜菜根泥粥

豐富維生素 補充體能

馬鈴薯屬於澱粉類，但熱量並不高，很適合用來製作副食品。

材料 1杯米、2杯水、3杯昆布高湯、馬鈴薯50克、地瓜100克、甜菜根50克

作法
1. 將1杯米、2杯水、3杯高湯先煮成粥待用。
2. 地瓜、馬鈴薯、甜菜根削皮切塊，蒸熟後打成泥。
3. 適量加入單餐分量的粥中拌勻。

馬鈴薯地瓜紅蘿蔔泥粥

胡蘿蔔素 有助視力

根莖蔬果營養高而且屬性溫和，特別適合冬季養生。

材料 1杯米、2杯水、3杯昆布高湯、馬鈴薯50克、地瓜100克、紅蘿蔔50克

作法
1. 將1杯米、2杯水、3杯高湯先煮成粥待用。
2. 地瓜、馬鈴薯、紅蘿蔔削皮切塊，蒸熟後打成泥。
3. 適量加入單餐分量的粥中拌勻。

馬鈴薯南瓜青花菜泥粥 1

材料

1 杯米、2 杯水、3 杯昆布高湯、馬鈴薯 50 克、南瓜 100 克、青花菜 50 克

作法

1. 將 1 杯米、2 杯水、3 杯高湯先煮成粥待用。
2. 南瓜、馬鈴薯削皮切塊，蒸熟後打成泥。
3. 青花菜只取花穗部分，用滾水燙熟後撈出放入冷開水冷卻，打成泥。
4. 分別將2、3適量加入單餐分量的粥中拌勻。

馬鈴薯南瓜綜合菇泥粥 2

材料

1 杯米、2 杯水、3 杯昆布高湯、馬鈴薯 50 克、南瓜 100 克、菇類 50 克

作法

1. 將 1 杯米、2 杯水、3 杯高湯先煮成粥待用。
2. 南瓜、馬鈴薯削皮切塊，蒸熟後打成泥。
3. 菇類洗淨去蒂，滾水燙熟再打成泥。
4. 分別將2、3適量加入單餐分量的粥中拌勻。

馬鈴薯南瓜紅蘿蔔泥粥 3

材料

1 杯米、2 杯水、3 杯昆布高湯、馬鈴薯 50 克、南瓜 100 克、紅蘿蔔 50 克

作法

1. 將 1 杯米、2 杯水、3 杯高湯先煮成粥待用。
2. 南瓜、馬鈴薯與紅蘿蔔削皮切塊，蒸熟後打成泥。
3. 適量加入單餐分量的粥中拌勻。

馬鈴薯南瓜甜菜根泥粥 4

材料

1 杯米、2 杯水、3 杯昆布高湯、馬鈴薯 50 克、南瓜 100 克、甜菜根 50 克

作法

1. 將 1 杯米、2 杯水、3 杯高湯先煮成粥待用。
2. 南瓜、馬鈴薯與甜菜根削皮切塊，蒸熟後打成泥。
3. 適量加入單餐分量的粥中拌勻。

★ POINT ★

馬鈴薯

在法文裡，馬鈴薯的名字是「土地的蘋果」（pomme de terre），因為它和蘋果一樣，高營養、低脂肪，常被做為澱粉取代食品，富含維生素 C 與鉀，是讓寶寶好消化的食品。挑選馬鈴薯的時候以表皮完整、光滑者為佳，特別注意芽眼部分有無呈現紫色或綠色，以免微量毒素造成寶寶中毒或過敏。

高麗菜南瓜泥粥 1

材料

1 杯米、2 杯水、3 杯昆布高湯、高麗菜 100 克、南瓜 50 克

作法

① 將 1 杯米、2 杯水、3 杯高湯先煮成粥待用。
② 南瓜削皮切塊，蒸熟後打成泥。
③ 高麗菜去除硬梗，切片燙熟後撈出放入冷開水冷卻，打成泥。
④ 將②、③適量加入單餐分量的粥中拌勻。

高麗菜青花菜泥粥 2

材料

1 杯米、2 杯水、3 杯昆布高湯、高麗菜 100 克、青花菜 50 克

作法

① 將 1 杯米、2 杯水、3 杯高湯先煮成粥待用。
② 青花菜只取花穗部分，用滾水燙熟後撈出放入冷開水冷卻，打成泥。
③ 高麗菜去除硬梗，切片燙熟後撈出放入冷開水冷卻，打成泥。
④ 將②、③適量加入單餐分量的粥中拌勻。

高麗菜紅蘿蔔泥粥 3

材料

1 杯米、2 杯水、3 杯昆布高湯、高麗菜 100 克、紅蘿蔔 50 克

作法

① 將 1 杯米、2 杯水、3 杯高湯先煮成粥待用。
② 紅蘿蔔削皮切塊，蒸熟後打成泥。
③ 高麗菜去除硬梗，切片燙熟後撈出放入冷開水冷卻，打成泥。
④ 將②、③適量加入單餐分量的粥中拌勻。

高麗菜地瓜泥粥 4

材料

1 杯米、2 杯水、3 杯昆布高湯、高麗菜 100 克、地瓜 50 克

作法

1. 將 1 杯米、2 杯水、3 杯高湯先煮成粥待用。
2. 地瓜削皮切塊,蒸熟後打成泥。
3. 高麗菜去除硬梗,切片燙熟後撈出放入冷開水冷卻,打成泥。
4. 將2、3適量加入單餐分量的粥中拌勻。

高麗菜甜菜根泥粥 5

材料

1 杯米、2 杯水、3 杯昆布高湯、高麗菜 100 克、甜菜根 50 克

作法

1. 將 1 杯米、2 杯水、3 杯高湯先煮成粥待用。
2. 甜菜根削皮切塊,蒸熟後打成泥。
3. 高麗菜去除硬梗,切片燙熟後撈出放入冷開水冷卻,打成泥。
4. 將2、3適量加入單餐分量的粥中拌勻。

高麗菜綜合菇泥粥 6

材料

1 杯米、2 杯水、3 杯昆布高湯、高麗菜 100 克、菇類 50 克

作法

1. 將 1 杯米、2 杯水、3 杯高湯先煮成粥待用。
2. 菇類洗淨去蒂,滾水燙熟再打成泥。
3. 高麗菜去除硬梗,切片燙熟後撈出放入冷開水冷卻,打成泥。
4. 將2、3適量加入單餐分量的粥中拌勻。

4 雞腿骨蔬果高湯粥

開始吃肉囉！添加魚肉和雞蛋，營養攝取更充足！

- 調味量：無
- 餵食建議：單獨食用
- 適用月齡：**10 個月以上**

寶寶活動量慢慢增加，需要更多的體力和能量，補充蛋白質是這個階段的重點。雞肉和牛肉之外，也可以嘗試魚肉，其蛋白質所含必需胺基酸的量和比值，最適合人體需要，同時也含有豐富的礦物質，如鐵、磷、鈣等。

◉ 多添加當季蔬菜

大魚大肉是寶寶飲食的禁忌，建議烹煮每一道副食品時，**不要忘記添加幾樣當季蔬菜**。不一定要完全按照書中食譜的蔬菜品項，因為葉菜類的選用除了增加食物的風味外，更重要的是補足寶寶成長所需的纖維質、礦物質和維生素等營養。

◉ 從「白肉魚」開始嘗試

若擔心寶寶吃海鮮會過敏，可以先少量嘗試，**並且以低敏的白肉魚優先，紅肉魚則等大一點再吃**，減少引起嚴重過敏的風險。處理魚肉時要特別注意魚刺，避免寶寶誤吞造成危險，最好選購無刺魚肉或是到日本料理店選購生魚片。至於蝦蟹等高敏食物，記得不要輕易讓太小的寶寶嘗試。

★ POINT ★

魚肉和蛋、豆類盡量新鮮現做

熬粥時，蔬菜泥可用預先製作的冰磚加熱拌入，但是魚肉泥、蛋以及豆腐泥，還是盡量要新鮮現做，確保食物的新鮮。

必須「新鮮現做」的 3 大食物泥

魚片、吻仔魚等海鮮可以先燙熟，稍微放涼後盡快切碎或打成泥。或用乾鍋將魚肉煎熟（怕沾鍋也可加少許油），接著直接用鍋鏟或湯匙壓碎魚肉。煎過的魚肉添幾分香氣和油脂，更能引起大寶寶的食慾。

魚肉類

Step 1　將魚肉洗淨後，稍微切碎

Step 2　用滾水燙熟後，靜置放涼

Step 3　用攪拌器打成泥即完成

Point

❶ 洗淨去刺的動作要確實，避免寶寶吃到髒東西或魚刺。

❷ 白色的魚肉類要用深色砧板處理，才能看見髒東西。

❸ 魚肉買回家後，請先分裝再冷凍保存，要用時適量取出，勿反覆解凍和冷凍，容易造成腐壞。

❹ 烹煮後的器具要洗淨，才不會留下腥味，影響其他食物泥的口感和新鮮度。

建議 10 個月以下的寶寶盡量不要攝取雞蛋，待 10 個月後再從熟蛋黃開始嘗試，12 個月以上的寶寶再攝取「全熟蛋白」，可減低寶寶過敏的情況。

Step 1
將雞蛋水煮至全熟

Step 2
將蛋黃取出後，再用研磨器壓碎

Point

❶ 剛開始不要單獨餵食蛋黃，避免過敏，而且過乾的口感也容易被寶寶排斥。

❷ 務必挑選無基因改造的蛋。

❸ 有些媽媽習慣水煮蛋時，添加少許鹽或醋，避免蛋液流出，其實是不必要的。建議用開水或過濾水直接煮即可，避免寶寶攝取過多的鹽分或是添加物。

豆 腐

豆腐口感軟滑易消化，是很棒的蛋白質來源。但是豆腐不容易保鮮，選購和製作時要特別留意，避免寶寶吃壞肚子。

Step 1
豆腐先用滾水汆燙

Step 2
放涼後直接用湯匙壓成碎泥

Point

❶ 豆腐較容易酸腐，處理前務必嗅聞或試吃，確保新鮮。

❷ 市售大豆製品包括豆腐，很多是基因改造，對寶寶健康有害，一定要慎選，也可以考慮自行 DIY。

鯛魚泥蔬菜高湯粥

10 個月以上　低脂高蛋白　助大腦發育

鯛魚刺少易料理，引起過敏的機率低，很適合作為副食品的海鮮入門。

材料

菠菜 50 克、A 菜 50 克、小白菜 100 克、青江菜 50 克、1 杯米、2 杯水、3 杯肉骨高湯、無刺鯛魚 100 克

作法

① 1 杯米、2 杯水、3 杯高湯煮成粥。
② 蔬菜切小段，汆燙熟後，撈起放入冷開水中急速保鮮。
③ 蔬菜用攪拌棒打成泥。
④ 鯛魚以小火煎熟，趁熱以鍋鏟或湯匙壓碎。
⑤ 將蔬菜泥及鯛魚泥適量加入單餐分量的粥中拌勻即可。

★ POINT ★

鯛魚

① 魚肉海鮮的粥品最好趁鮮食用完畢，不建議製成冰磚。
② 低脂高蛋白的鯛魚，含有豐富菸鹼酸，有助於維持神經系統和大腦發育。本身味道清淡，超市片裝的鯛魚料理起來相當便利，只要留意保存期限即可。退冰後以水略沖洗拭乾，即可開始烹調。

吻魚泥蔬菜高湯粥

肉質軟嫩，含促進腦神經發展的 DHA、鈣質外，也有豐富蛋白質。

材 料

1 杯米、2 杯水、3 杯肉骨高湯、菠菜 50 克、A 菜 50 克、小白菜 100 克、青江菜 50 克、吻仔魚 100 克

作 法

1. 1 杯米、2 杯水、3 杯高湯煮成粥。
2. 蔬菜切小段，汆燙熟後，撈起放入冷開水中急速保鮮。
3. 將蔬菜打成泥。
4. 吻仔魚稍微切碎後汆燙，打成泥。
5. 將蔬菜泥及吻魚泥適量加入單餐分量的粥中拌勻即可。

★ POINT ★

吻仔魚

吻仔魚是高鈣來源，含有維生素 A、C、鈉、磷、鉀等營養成分，適合寶寶消化吸收。挑選時留意顏色是否自然、魚身是否乾爽，烹調前先以開水沖洗幾次後再汆燙。

海藻雙魚蔬菜粥

來自大海的鮮味，除魚肉的動物性蛋白質外，還能攝取藻類的礦物質。

材料

1 杯米、2 杯水、3 杯肉骨高湯、菠菜 50 克、A 菜 50 克、小白菜 100 克、青江菜 50 克、藻類少許、鯛魚 50 克、吻仔魚 50 克

作法

❶ 將 1 杯米、2 杯水、3 杯高湯煮成白粥。

❷ 蔬菜切段後汆燙熟，接著放入冷開水保鮮。

❸ 汆燙後的蔬菜，攪拌打成泥。

❹ 吻仔魚稍微切碎再汆燙熟，放涼後打成泥。

❺ 鯛魚以小火煎熟，趁熱以鍋鏟或湯匙壓碎。

❻ 藻類燙熟後，打成泥（需酌量加水以免太糊）。

❼ 將蔬菜泥、魚肉泥和海藻泥等適量加入單餐分量的粥中拌勻即完成。

★ POINT ★

新鮮藻類可在市場選購，但寶寶副食的用量很少，挑選有信譽的乾燥海藻更方便，每次只要取用一點點就夠，先用開水清洗浸泡 3 分鐘再汆燙處理。

高鈣雙魚蔬菜粥

10 個月以上　低脂高鈣　成長必需

高纖蔬菜可以綜合魚肉略重的口味，也能平衡油脂的攝取量。

材料

1 杯米、2 杯水、3 杯肉骨高湯、菠菜 50 克、A 菜 50 克、小白菜 100 克、青江菜 50 克、鯛魚 50 克、吻仔魚 50 克

作法

❶ 將 1 杯米、2 杯水、3 杯高湯先煮成粥待用。

❷ 蔬菜切小段，水滾放入燙熟，撈起後用冷開水急速保鮮。

❸ 汆燙後的蔬菜，攪拌打成泥。

❹ 吻仔魚以水汆燙，切碎打成泥。

❺ 鯛魚以小火燙熟，趁熱以鍋鏟或湯匙壓碎。

❻ 將蔬菜泥、魚肉泥等適量加入單餐分量的粥中拌勻即可。

★ POINT ★

新鮮的吻仔魚不耐保存，所以很多市售的吻仔魚會加入少許鹽分，烹煮前記得用水沖洗，避免寶寶攝取過多鹽分。

咕咕雞玉米粥

玉米胚尖含有增強新陳代謝、調整神經等作用的營養素。

材 料

1 杯米、2 杯水、3 杯肉骨高湯、雞腿肉 100 克、新鮮玉米粒 100 克、紅蘿蔔 50 克

作 法

1. 將 1 杯米、2 杯水、3 杯高湯煮成白粥。
2. 紅蘿蔔削皮蒸熟後打成泥、玉米打成泥。
3. 熱鍋放一小匙油，放入切丁雞肉，以中火煎熟，放涼後攪拌打成泥。
4. 將雞肉泥、玉米泥、紅蘿蔔泥適量加入單餐分量的粥中拌勻即可。

★ POINT ★

紅蘿蔔

紅蘿蔔豐富的 β- 胡蘿蔔素在體內會轉為維生素 A，增強抵抗力。挑選質地堅硬、顏色鮮豔、斷口處未出現綠色細芽者為佳，長芽表示太老了，不能使用！以細刷刷淨表皮後即可開始烹調。

粉紅寶寶雞腿粥

10 個月以上 多種蛋白質 滋補強身

肉類和蔬菜均衡攝取，提供寶寶多方面的養分。

材料 1 杯米、2 杯水、3 杯肉湯高湯、雞腿肉 100 克、甜菜根 50 克、南瓜 100 克

作法
1. 參考 100 頁，先煮好一鍋白粥。
2. 甜菜根削皮切塊、南瓜削皮切塊蒸熟後打成泥。
3. 熱鍋後放一小匙油，加入切丁雞肉以中火煎熟，放涼後攪拌打成泥。
4. 將2、3適量加入單餐分量的粥中拌勻。

紅點點小雞枸杞粥

10 個月以上 富含茄紅素 眼睛保健

煮熟番茄釋出的天然茄紅素，搭配枸杞對眼睛有保健作用。

材料 1 杯米、2 杯水、3 杯肉骨高湯、雞腿肉 100 克、番茄 150 克、枸杞少許

作法
1. 參考 100 頁，先煮好一鍋白粥。
2. 枸杞洗淨用熱水泡軟，拌入粥中。
3. 番茄用熱水煮熟後，去皮打成泥。
4. 雞肉以中火煎熟，放涼後攪打成泥。
5. 將3、4適量加入煮好的枸杞粥（取單餐分量）中拌勻。

活力雙鮮菇雞腿粥

10 個月以上　豐富多醣體　強化免疫力

菇類獨特的多醣體，有助免疫力提升。

材料　1 杯米、2 杯水、3 杯肉骨高湯、雞腿肉 100 克、菇類 100 克、起司少許

作法
1 參考 100 頁，先煮好一鍋白粥。
2 雞肉以中火煎熟，放涼後攪打成泥。
3 菇類燙熟，放涼後打成泥。
4 將雞肉泥和菇泥等適量加入煮好的粥（取單餐分量）中，最後再放入起司丁，趁熱拌勻即可。

雞豬瓜瓜起司粥

10 個月以上　富含維生素 C　健康低負擔

絲瓜搭配肉類既可解膩，還能促進消化吸收。

材料　1 杯米、2 杯水、3 杯肉骨高湯、雞腿肉 50 克、豬肉 50 克、絲瓜 100 克、地瓜 100 克、起司少許

作法
1 參考 100 頁，先煮好一鍋白粥。
2 將雞肉、豬肉分別煎熟，放涼後攪打成泥。
3 絲瓜燙熟、地瓜蒸熟後分別打成泥。
4 將2、3加入單餐分量的粥中，放入起司丁趁熱拌勻。

黃色小雞蛋黃粥

10 個月以上　DHA 卵磷脂　健腦益智

蛋黃的致敏機率較蛋白低，是一顆蛋的精華。

材料

1 杯米、2 杯水、3 杯肉骨高湯、雞腿肉 100 克、蛋黃少許、地瓜 100 克、起司少許

作法

1. 將 1 杯米、2 杯水、3 杯高湯煮成白粥。
2. 切丁雞肉以中火煎熟，放涼後再攪打成泥。
3. 地瓜蒸熟打成泥。
4. 雞蛋煮熟取蛋黃部分，攪碎備用。
5. 將雞肉泥、地瓜泥、蛋黃等適量加入煮好的粥（取單餐分量）中。
6. 最後再放入起司丁，趁熱拌勻即可。

★ POINT ★

　　枸杞、起司等雖然分量不多，而且比例極低，但還是要注意挑選低鈉含量的起司。枸杞也是選購產地有保證、無霉斑破損的為佳。可能售價會高一些，但是用量不多，能讓寶寶吃得安心最重要！

海藻雞腿肉粥

海藻能降低膽固醇，是寶寶副食品的健康好搭檔。

材料　1 杯米、2 杯水、3 杯肉骨高湯、藻類少許、雞腿肉 100 克

作法
1. 參考 100 頁，先煮好一鍋白粥。
2. 雞肉以中火煎熟，放涼後攪打成泥。
3. 藻類用滾水燙熟，攪打成泥。（需酌量加水以免太糊）
4. 將❷、❸適量加入煮好的粥（取單餐分量）中拌勻。

綠翡翠雞腿肉粥

雞肉的優質蛋白，輔以高纖蔬菜的維生素，提供成長必須的營養。

材料　1 杯米、2 杯水、3 杯肉骨高湯、雞腿肉 100 克、青花菜 50 克、高麗菜 100 克

作法
1. 參考 100 頁，先煮好一鍋白粥。
2. 雞肉以中火煎熟，放涼後打成泥。
3. 青花菜和高麗菜分別燙熟後，以攪拌器打成泥。
4. 將❷、❸等適量加入白粥（取單餐分量）中拌勻。

雙薯蛋黃雞腿粥

10 個月以上 ・ 多種胺基酸 ・ 預防便祕

馬鈴薯和芋頭都是鹼性食物，搭配肉類食用，有助體內酸鹼值的平衡。

材料

1 杯米、2 杯水、3 杯肉骨高湯、雞腿肉 100 克、芋頭 100 克、馬鈴薯 100 克、蛋黃少許

作法

1. 將 1 杯米、2 杯水、3 杯高湯煮成白粥。
2. 切丁雞肉以中火煎熟，放涼後攪打成泥。
3. 芋頭及馬鈴薯削皮蒸熟，分別用攪拌器打成泥。
4. 雞蛋煮熟取蛋黃部分，攪碎備用。
5. 將❷、❸、❹適量與白粥（取單餐分量）拌勻即完成。

★ POINT ★

雞肉

雞肉含優質蛋白質、脂肪含量少，加上鈣、磷、鐵、維生素 A、C、E 等營養成分，相當滋補。選購時，以肉質結實彈性、沒有黏液或異味，粉嫩光澤為佳。為了避免買到病菌感染或施打抗生素的雞隻，需謹慎選擇來源或是挑選有 CAS 標章的肉品。料理時，務必煮到熟透。

大麥克牛肉粥

番茄和牛肉是副食品常見的搭配夥伴，口感和營養評價都很高。

材 料

1 杯米、2 杯水、3 杯肉骨高湯、牛肉 100 克、番茄 150 克、起司少許

作 法

① 將 1 杯米、2 杯水、3 杯高湯煮成白粥。
② 切絲牛肉以中火煎熟，放涼後再攪打成泥。
③ 番茄用滾水燙熟後，去皮打成泥。
④ 將牛肉泥和番茄泥適量加入單餐分量的白粥中。
⑤ 最後再放入起司丁趁熱拌勻。

★ POINT ★

牛肉

牛肉性溫和，是鐵質含量最高的肉類，並含有維生素 A、B 群、鋅、鈣、胺基酸等營養成分。挑選牛肉時以外觀完整、乾淨，顏色呈鮮紅色者為佳，若是進口的冷凍牛肉則呈現暗紫色或深紅色。新鮮牛肉以清水洗淨拭乾後再烹調，冷凍牛肉解凍後可以直接使用。

大力水手牛肉菠菜粥

含鐵質 鈣質 · 提高 抗病力

濃郁肉香中帶有蔬菜的纖維質，口感清爽不油膩！

材料　1 杯米、2 杯水、3 杯肉骨高湯、牛肉 100 克、菠菜 50 克、高麗菜 100 克

作法
① 參考 100 頁，先煮好一鍋白粥。
② 切絲牛肉以中火煎熟，放涼後再攪打成泥。
③ 菠菜和高麗菜燙熟後，以攪拌器打成泥。
④ 將②、③適量加入粥（取單餐分量）中拌勻。

寶貝小俏妞牛肉粥

10 個月以上 · 富含膳食纖維 · 調整腸道

高纖蔬菜搭配牛肉的副食品，營養又幫助消化。

材料　1 杯米、2 杯水、3 杯肉骨高湯、牛肉 100 克、青花菜 100 克、甜菜根 50 克

作法
① 參考 100 頁，先煮好一鍋白粥。
② 牛肉以中火煎熟，放涼後打成泥。
③ 甜菜根蒸熟後攪打成泥。
④ 青花菜取花穗部分，汆燙放涼後攪打成泥。
⑤ 將②、③、④適量加入粥（取單餐分量）中拌勻即可。

無敵小牛起司粥

10個月以上　高蛋白質　促進發育

起司有「白肉」稱號，因為它擁有非常高的蛋白質。

材料　1杯米、2杯水、3杯肉骨高湯、牛肉100克、青花菜100克、起司少許

作法
① 參考100頁，先煮好一鍋白粥。
② 牛肉以中火煎熟，放涼後打成泥。
③ 青花菜取花穗部分，滾水燙熟後，攪打成泥。
④ 將②、③適量加入粥中（取單餐分量），最後再放入起司丁趁熱拌勻。

豆豆米奇牛肉粥

10個月以上　多種維生素　增強免疫力

豌豆與含胺基酸食材一起烹煮，可提高營養價值。

材料　1杯米、2杯水、3杯肉骨高湯、牛肉100克、青花菜100克、豌豆30克

作法
① 參考100頁，先煮好一鍋白粥。
② 切絲牛肉以中火煎熟，放涼後攪打成泥。
③ 青花菜取花穗部分，和豌豆　起用滾水燙熟後，攪打成泥。
④ 將②、③適量加入粥（取單餐分量）中拌勻即可。

動感噗噗豬肉地瓜粥

血紅素　預防貧血

豬肉脂肪含量高，能保護器官，搭配根莖類蔬果更健康。

材料

1 杯米、2 杯水、3 杯肉骨高湯、豬肉 100 克、起司少許、地瓜 100 克

作法

1. 將 1 杯米、2 杯水、3 杯高湯煮成白粥。
2. 切絲豬肉以中火煎熟，放涼後攪拌打成泥。
3. 地瓜削皮切塊，蒸熟放涼後，攪打成泥。
4. 將豬肉泥、地瓜泥適量加入煮好的粥（取單餐分量）中。
5. 最後再放入起司丁，趁熱拌勻。

★ POINT ★

豬肉

豬肉含有蛋白質、鈣、磷、鐵、維生素 B1 和鋅等，但脂肪較高，攝取時要格外留意均衡。新鮮豬肉色澤鮮紅有光澤，觸感有彈性，聞起來沒有特別氣味，若有異味則表示不新鮮。豬肉買回來洗淨後先汆燙，去除血水雜質再做烹調，更美味也更健康。

香甜小豬青花菜粥

10 個月以上　含多元酚　可抗氧化

葡萄所含的多元酚集中於果皮，製成葡萄乾時可以完整攝取。

材 料　1 杯米、2 杯水、3 杯肉骨高湯、豬肉 100 克、青花菜 100 克、葡萄乾少許

作 法
1. 參考 100 頁，先煮好一鍋白粥。
2. 豬肉以中火煎熟，放涼後打成泥。
3. 取青花菜花穗，燙熟後攪打成泥。
4. 葡萄乾切成細末。
5. 將❷、❸、❹適量加入白粥（取單餐分量）中拌勻。

滿福小豬蔬菜粥

10 個月以上　磷鈉鉀礦物質　修復身體

豬肉和菇類對骨骼和牙齒成長有幫助，可增強免疫力。

材 料　1 杯米、2 杯水、3 杯肉骨高湯、豬肉 100 克、菇類 50 克

作 法
1. 參考 100 頁，先煮好一鍋白粥。
2. 切絲豬肉以中火煎熟，放涼後，攪打成泥。
3. 菇類燙熟後，攪打成泥。
4. 將適量的❷、❸與白粥（取單餐分量）攪拌均勻。

小紅豬起司蛋粥

肉香和起司的濃郁口感,可以增加寶寶對紅蘿蔔的接受度。

材料　1 杯米、2 杯水、3 杯肉骨高湯、豬肉 100 克、紅蘿蔔 100 克、起司少許、蛋黃少許

作法
1. 參考 100 頁,先煮好一鍋白粥。
2. 豬肉以中火煎熟,放涼後打成泥。
3. 紅蘿蔔蒸熟後,攪打成泥。
4. 雞蛋煮熟取蛋黃部分,攪碎備用。
5. 將2、3、4適量加入粥(取單餐分量)中,最後再放入起司丁,趁熱拌勻。

幸福小豬山藥粥

肉類的動物性蛋白,加上山藥等植物性蛋白質,營養更加倍。

材料　1 杯米、2 杯水、3 杯肉骨高湯、豬肉 100 克、山藥 30 克、藻類少許、紅蘿蔔 100 克

作法
1. 參考 100 頁,先煮好一鍋白粥。
2. 豬肉以中火煎熟,放涼後打成泥。
3. 山藥和紅蘿蔔削皮蒸熟後打成泥。
4. 藻類燙熟,攪打成泥。(需酌量加水以免太糊)
5. 把2、3、4適量加入粥(取單餐分量)中拌勻。

乳霜小豬蔬菜粥

10 個月以上　多種植化素　修復腸胃黏膜

高麗菜和青花菜很營養，搭配天然油脂可增添口感變化。

材料　1 杯米、2 杯水、3 杯肉骨高湯、豬肉 100 克、奶油少許（動物性鮮奶油較佳）、花椰菜 50 克、高麗菜 100 克

作法
1. 參考 100 頁，先煮好一鍋白粥。
2. 豬肉以中火煎熟，放涼後打成泥。
3. 花椰菜取花穗燙熟拌打成泥。
4. 高麗菜去硬梗，切片燙熟，攪拌打成泥。
5. 把 2、3、4 適量加入白粥（取單餐分量）中，最後加入鮮奶油攪拌均勻。

壯壯粉紅小豬蔬菜粥

10 個月以上　豐富蛋白質　有助大腦發育

豆腐中含有豐富的大豆蛋白，容易被人體吸收。

材料　1 杯米、2 杯水、3 杯肉骨高湯、豬肉 100 克、豆腐 50 克、馬鈴薯 100 克、甜菜根 50 克

作法
1. 參考 100 頁，先煮好一鍋白粥。
2. 豬肉以中火煎熟，放涼後打成泥。
3. 豆腐汆燙後，壓碎備用。
4. 馬鈴薯和甜菜根削皮切塊，蒸熟放涼後攪打成泥。
5. 把 2、3、4 適量加入粥（取單餐分量）中拌勻。

甜心粉紅精靈吻魚粥

吻仔魚脂肪低，鈣質豐富，還有維生素 A 和 C 等營養。

材料　1 杯米、2 杯水、3 杯肉骨高湯、吻仔魚 100 克、甜菜根 50 克、馬鈴薯 100 克

作法　❶ 參考 100 頁，先煮好一鍋白粥。
❷ 吻仔魚切碎後汆燙，攪打成泥。
❸ 馬鈴薯和甜菜根削皮切塊，蒸熟放涼後攪打成泥。
❹ 把❷、❸適量加入粥（取單餐分量）中攪拌均勻。

皮卡丘寶寶玉米雞粥

蛋類和青花菜都含有核黃素，是成長發育必需的營養素。

材料　1 杯米、2 杯水、3 杯肉骨高湯、雞肉 100 克、新鮮玉米粒 100 克、青花菜 50 克、蛋黃少許

作法　❶ 參考 100 頁，先煮好一鍋白粥。
❷ 雞肉以中火煎熟，放涼後打成泥。
❸ 玉米粒用熱水燙熱，壓碎備用。
❹ 雞蛋煮熟取蛋黃部分，攪碎備用。
❺ 青花菜取花穗燙熟，攪打成泥。
❻ 把❷～❺適量加入粥（取單餐分量）中拌勻。

魔法綠仙子蔬菜雞粥

肉類、豆類、穀類加上蔬菜，兼顧全營養的元氣粥品。

材料 1 杯米、2 杯水、3 杯肉骨高湯、菠菜 50 克、A 菜 50 克、白菜 100 克、青江菜 50 克、雞肉 100 克、豆腐 50 克、燕麥粉少許

作法
1. 參考 100 頁，先煮好一鍋白粥。
2. 雞肉以中火煎熟，放涼後打成泥。
3. 青菜去硬梗，切段用開水燙熟，放涼後打成泥。
4. 豆腐余燙後，壓碎備用。
5. 把②、③、④和燕麥粉適量加入粥（取單餐分量）中拌勻。

海洋音符燕麥魚粥

鯛魚低脂肪，能強化代謝，搭配高纖藻類清爽無負擔。

材料 1 杯米、2 杯水、3 杯肉骨高湯、鯛魚 100 克、藻類少許、絲瓜 100 克、燕麥粉少許

作法
1. 參考 100 頁，先煮好一鍋白粥。
2. 鯛魚片煎熟後用鍋鏟壓碎。
3. 藻類用開水燙過，攪拌打成泥。
4. 絲瓜削皮燙熟後打成泥。
5. 把②、③、④和燕麥粉適量加入粥（取單餐分量）中拌勻。

神奇傑克牛肉豆腐粥

青花菜的珍貴植化素，讓營養加乘。

材 料

1 杯米、2 杯水、3 杯肉骨高湯、牛肉 100 克、豆腐 50 克、鮮奶油少許（動物性鮮奶油較佳）、青花菜 100 克

作 法

1. 將 1 杯米、2 杯水、3 杯高湯煮成白粥。
2. 熱鍋後倒一小匙油，放入切絲牛肉以中火煎熟，放涼後攪打成泥。
3. 青花菜取花穗部分，用滾水氽燙，攪打成泥。
4. 豆腐用滾水燙過，壓碎備用。
5. 把②、③、④適量加入白粥（取單餐分量）中，再倒入鮮奶油攪拌均勻即可。

★ POINT ★

當副食品的食材品項愈來愈多時，更要注意新鮮度，特別是有加入海鮮魚肉或蛋、豆類的粥品，避免某項材料污染了整鍋粥，引起寶寶的腸胃不適。除了盡量趁新鮮餵食外，如果製成冰磚，加熱餵食前，把拔馬麻務必要先試吃確認，為寶寶做好防護把關。

甜味蔬果高湯粥

低糖開胃的五穀甜味粥，也能讓寶寶吃到營養！

- 調味量：低調味 = **4** 分甜
- 餵食建議：正餐間的點心，也可當主食
- 適用月齡：**12** 個月以上

　　市售的甜粥普遍過甜，也容易吃到人工添加物，爸媽們可以為 **1** 歲以上的寶寶準備可口點心。微甜的 **QQ** 滋味，冷熱吃都可以，不管是芋頭、紅豆的綿密口感，還是淡淡的桂圓、紅棗香氣，大人小孩都喜愛。不但吃得到多種穀類的營養，偶爾換換口味，寶貝也吃得開心。

● 寶寶最愛！製作甜粥的八大營養食材

清熱退火的綠豆，富含植物性蛋白質、鈣、磷、鐵、維生素 A、B1、B2、E、膳食纖維、胡蘿蔔素、菸酸等營養素。

挑選處理 Point ▶▶ 挑選時以顆粒飽滿、無異味者佳。清洗後即可開始烹調。

紅豆富含維生素 B 群、鉀及膳食纖維，能促進新陳代謝。

挑選處理 Point ▶▶ 以無蟲蛀、顏色飽滿鮮豔、顆粒完整者為佳。清洗後最好先浸泡幾小時，可以節省熬煮時間。

杏仁含油脂，具潤肺、止咳、滑腸的功效，是養生好物。一般中藥店裡的杏仁多已去皮處理，呈白色，因為杏仁外層的褐色皮膜含氰化物具毒性，所以去皮才能食用。

挑選處理 Point ▶▶ 選購時要避免挑到有蟲蛀的，而且杏仁真正的香氣是淡淡的，若濃郁嗆鼻則代表添加人工香料。烹調前先用開水浸泡過，或是直接買杏仁粉也可以。

桂圓

桂圓含蛋白質、鉀、磷、鈣、鐵、維生素 A、C 等營養成分，非常滋補。

挑選處理 Point ▶▶ 新鮮桂圓要挑選果粒圓碩皮薄者，乾貨則可以買帶殼的，自己處理比較衛生，烹調前再用冷開水清洗一下即可。

紅棗

紅棗不只是藥膳的配角，它含有蛋白質、醣類、有機酸、胡蘿蔔素、維生素 B 群、C、P 及微量的鈣。

挑選處理 Point ▶▶ 以顏色豔紅、紋路較淺、外皮光亮者為佳。如果擔心農藥殘留，洗淨後可再用熱開水浸泡幾分鐘。

蓮子

鈣、鐵、鉀成分極高的蓮子，能促進新陳代謝，具有安神養心的效果。

挑選處理 Point ▶▶ 挑選時要找飽滿且顆粒完整者，顏色呈淡黃色，沒有碎裂及雜質，湊近聞會有淡淡的清香。蓮子烹調前無須泡水，不然容易久煮不爛。

芋頭

芋頭的纖維質是米飯的 4 倍，熱量卻只有 90%，澱粉顆粒比較小，更容易消化。

挑選處理 Point ▶▶ 挑選時，外皮濕潤帶點泥土的較新鮮，口感也較鬆軟，如果看起來乾乾的，代表久放不新鮮。刷洗削皮後就可以烹調，如果擔心芋頭的草酸鈣引起過敏，處理時戴上手套就可以避免手癢。

銀耳

銀耳含大量膠質、多種維生素及胺基酸，對寶寶肌膚有益處。好的銀耳呈現白色或淡黃色，無黑斑或雜質，肉肥厚，聞起來無異味。

挑選處理 Point ▶▶ 為避免乾燥銀耳殘留二氧化硫，食用前先用溫水浸泡2～3小時，每個小時換一次水。若離有機商店近，台灣產的新鮮銀耳也是很好的選擇。

地瓜綠沙甜粥

富含膳食纖維，能降低膽固醇，有助腸胃蠕動及促進排便。

材料

1 杯米、2 杯水、3 杯昆布高湯、地瓜 100 克、綠豆 100 克、冰糖少許

作法

❶ 將 1 杯米、2 杯水、3 杯高湯煮成白粥。

❷ 綠豆洗淨後加 5 倍水，電鍋外鍋加水蒸煮至熟爛，加一小匙糖攪勻。

❸ 地瓜削皮切塊，蒸熟放涼後再攪打成泥。

❹ 把綠豆沙、地瓜泥適量加入白粥（取單餐分量）中，加少許糖攪拌均勻即可。

★ POINT ★

如果擔心寶寶吃太甜，不一定要另外加冰糖調味。

芋泥紅豆沙甜粥

12 個月以上　含氟量高　保護牙齒

口感綿密的紅豆，搭配濃郁芋香，吃起來甜而不膩。

材料　1 杯米、2 杯水、3 杯昆布高湯、芋頭 100 克、紅豆 100 克、冰糖少許

作法
① 參考 118 頁，先煮好一鍋白粥。
② 紅豆浸泡 2 ～ 6 小時，洗淨後加 5 倍水，外鍋放 2 杯水重覆蒸煮至熟爛後，加一小匙糖。
③ 芋頭削皮切塊，蒸熟放涼打成泥。
④ 取適量②、③與單餐分量的白粥拌勻即可。

水果杏仁燕麥甜粥

12 個月以上　高纖助消化　排便順暢

多種果香襯托著杏仁獨特的氣味，加入燕麥更有飽足感。

材料　1 杯米、2 杯水、3 杯昆布高湯、鳳梨 100 克、蘋果 100 克、芭樂 100 克、杏仁粉少許、燕麥粉少許

作法
① 參考 118 頁，先煮好一鍋白粥。
② 鳳梨和蘋果削皮、芭樂去籽後切塊。
③ 鳳梨研磨成水狀後，加入其他水果打成泥。
④ 杏仁粉和燕麥粉加少許水拌成糊狀。
⑤ 取適量②、③、④與單餐分量的白粥拌勻。

桂圓芝麻甜粥

黑芝麻含鈣量高，富含卵磷脂，能幫助集中注意力。

材料　1 杯米、2 杯水、3 杯昆布高湯、桂圓 10 克、芝麻 50 克、冰糖少許

作法
1. 參考 118 頁，先煮好一鍋白粥。
2. 桂圓去殼去籽洗淨，汆燙放涼去掉雜質，切成碎末備用，愈細愈好。
3. 芝麻粉加水，小火煮沸 5 分鐘後，加一小匙糖拌勻。
4. 取②、③與單餐分量的粥拌勻。

桂圓紅棗甜粥

桂圓和紅棗不只是藥膳的配角，本身也具備多種維生素和營養喔！

材料　1 杯米、2 杯水、3 杯昆布高湯、桂圓 10 克、紅棗 10 克

作法
1. 參考 118 頁，先煮好一鍋白粥。
2. 桂圓去殼去籽洗淨，汆燙放涼去掉雜質，切成碎末備用，愈細愈好。
3. 紅棗以冷水煮開，去籽打成泥。
4. 取②、③與單餐分量的粥拌勻。

Tip
1. 芝麻粉加水用小火慢煮，才能熬出香味濃郁的芝麻糊。
2. 冰糖加入熱粥會自動融解，餵食前要注意溫度，同時確認冰糖塊有無殘留。

冰糖南瓜銀耳甜粥

銀耳含多種胺基酸，幾乎包辦人體的必需，是養生好物。

材料　1 杯米、2 杯水、3 杯昆布高湯、南瓜 100 克、銀耳 10 克、冰糖少許

作法
① 參考 118 頁，先煮好一鍋白粥。
② 銀耳泡水 10 分鐘，煮 10 分鐘，攪打成泥。
③ 南瓜削皮切塊，蒸熟放涼後打成泥。
④ 將②、③與白粥（取單餐分量）均勻攪拌，再加少許冰糖即完成。

冰糖雪蓮銀耳甜粥

蓮子和銀耳屬性溫和，有鈣鐵鉀等，是清爽無負擔的保健組合。

材料　1 杯米、2 杯水、3 杯昆布高湯、生蓮子 10 克、銀耳 10 克、冰糖少許

作法
① 參考 118 頁，先煮好一鍋白粥。
② 蓮子洗過（不要浸泡），水滾放入煮 20 分鐘，攪打成泥。
③ 銀耳泡水 10 分鐘，煮 10 分鐘，攪打成泥。
④ 將適量的②、③加入粥（取單餐分量）中拌勻，加少許糖即可。

冰糖雙豆銀耳甜粥

豆豆家族除了鈣磷鐵等多種維生素外，更是優質蛋白的最佳補給。

材料　1 杯米、2 杯水、3 杯昆布高湯、紅豆 50 克、綠豆 50 克、銀耳 10 克、冰糖少許

作法　❶ 參考 118 頁，先煮好一鍋白粥。
❷ 銀耳泡水 10 分鐘，煮 10 分鐘，攪打成泥。
❸ 紅豆、綠豆各加 5 倍水，用電鍋熬煮至熟爛。
❹ 將適量的❷、❸加入粥（取單餐分量）中，加少許冰糖拌勻即可。

甜菜雪蓮甜粥

微甜的口感，加上討喜的粉嫩色澤，成為寶寶們都愛的人氣甜品。

材料　1 杯米、2 杯水、3 杯昆布高湯、甜菜根 50 克、生蓮子 10 克、冰糖少許

作法　❶ 將 1 杯米、2 杯水、3 杯高湯先煮成粥待用。
❷ 蓮子洗過（不要浸泡），水滾放入，煮 20 分鐘，攪拌打成泥。
❸ 甜菜根削皮切塊蒸熟，攪拌打成泥。
❹ 將適量的❷、❸加入煮好的粥（取單餐分量）中，加少許冰糖拌勻。

小甜心八寶粥

根莖類的食物泥加上五穀雜糧，不但口感綿密，
自然香甜，同時兼具高纖營養。

12 個月
以上

醣類
蛋白質

全方位
營養

材 料

十穀米 1 杯、水 3 杯、紅豆 30 克、
綠豆 30 克、大豆 30 克、芋頭 30 克、
桂圓 5 克、冰糖少許

作 法

1. 將十穀米煮成軟飯，倒入大鍋中備
   用。（煮十穀米的米水比例 1：3）
2. 桂圓去殼洗淨，滾水氽燙後放涼去
   掉雜質，切成碎末備用，愈細愈好。
3. 紅豆、綠豆、大豆各別熬煮至熟爛。
4. 芋頭削皮切塊，蒸熟打成泥。
5. 將食材適量倒入煮好的十穀粥（取
   單餐分量）裡，加少許冰糖，酌量
   加水，以小火邊煮邊攪拌，續煮 20
   分鐘即完成。

★ POINT ★

　　十穀米是由十種雜糧組合而成，包括蕎麥、燕麥、大麥、
小麥、黑糯米、扁豆、蓮子、小米、高粱、薏仁等，配方沒
有固定，可自行調配。調配的比例不同，口感也不同，把拔
馬麻可依據喜好，兼顧營養和美味，熬煮自己的私房八寶粥。
　　這道八寶粥的口感和內容豐富，營養價值也很高，但建
議可等寶寶的小牙齒長更多時，再開始嘗試。

123

6 香醇貝殼麵、奶香燉飯

副食品再升級，給寶寶新奇的咀嚼感受！

- 調味量：低調味＝ 3 分鹹
- 餵食建議：三餐主食
- 適用月齡：15 個月以上

　　粥品之後，這個階段的寶寶餐類型愈來愈多元，像是貝殼麵、拉麵、燉飯，除了視覺不同，在口中咀嚼的新奇感受，也會提高寶寶進食的意願喔！不只用白米，也開始嘗試胚芽米，保有米粒營養精華的胚芽，口感介於糙米與白米之間，讓寶寶更好消化，接受度也更高。

● 讓寶寶自己動手吃飯，建立成就感

　　這時候的副食品已經逐漸取代母乳，寶寶餐幾乎是主食，所以要兼顧營養和飽足感，比粥品更濃稠的燉飯，或是加入濃湯的麵食，都是非常不錯的選擇。另一方面，寶寶自己動手用湯匙或叉子練習吃飯或吃麵，固體狀的燉飯、貝殼麵或是粗一點的麵條，吃起來比較容易上手，寶寶也會更有成就感喔！

● 如何掌握調味的分量？

　　這個階段的料理，有了很大的變化，開始使用番茄醬、鹹蛋黃、鮮奶油、椰奶等，增添食物的風味和香濃口感，搭配多種蔬菜，讓寶寶一口接一口，營養滿分。但也要注意分量的拿捏，少量即可，千萬不要用大人的習慣標準，避免寶寶吃得過於重鹹，造成身體負擔。關於副食品調味的原則請參考第 52 頁。

　　把拔馬麻也不需過度緊張或抗拒，少量的調味也是寶寶適應飲食的必經過程，除非身體出現不適反應，否則，讓寶寶餐愈來愈多元，是有益成長的。

茄汁里肌肉醬貝殼麵

多準備一些可以拌麵或飯吃，非常方便！

材料

紅蘿蔔少許、洋蔥少許、菇類少許、豬里肌肉末 100 克、貝殼麵 100 克、番茄醬 50 克、糖少許

作法

1. 紅蘿蔔削皮切丁，洋蔥去皮切丁，菇類切小丁。
2. 熱鍋後加一小匙油，放入洋蔥及絞肉拌炒至肉熟。
3. 加入番茄醬及 100cc 的水，烹煮至滾開。
4. 放入洋蔥、菇類、紅蘿蔔丁及少許糖煮至入味，即完成醬料。
5. 鍋中加水煮沸後投入貝殼麵，約煮 5 分鐘後撈起（試吃確定已熟軟），可加幾滴橄欖油，避免熟麵黏糊。
6. 將❹醬料淋在貝殼麵上拌勻即可。

★ POINT ★

1. 為了方便寶寶食用，食材都要切成適口的大小，特別是菇類或肉質較硬的牛腩，但不需要攪拌成泥，才能訓練咀嚼能力。
2. 食材不只要煮熟，還要盡量煮到軟爛，才容易入口。

高鈣雙魚蛋黃濃湯貝殼麵

色彩繽紛、口感 QQ 彈牙，帶給寶寶滿滿的咀嚼樂趣！

15 個月以上　高鈣補骨　幫助成長

材料

鯛魚 100 克、吻仔魚 100 克、鹹蛋黃半顆、水煮蛋黃半顆、貝殼麵 100 克、新鮮的玉米粒、洋蔥、奶油皆少許、鹽少許

作法

1. 鯛魚煎熟壓碎備用、吻仔魚洗乾淨備用。
2. 玉米粒燙熟，攪拌成泥備用。
3. 熱鍋放入奶油，融化後放入鹹蛋黃壓散，再加少許洋蔥丁拌炒。
4. 加 200cc 水，倒入玉米泥、鯛魚及吻仔魚，一起煮沸。
5. 以少許鹽調味後，加入水煮蛋黃拌開，即完成醬料。
6. 鍋中加水煮沸後投入貝殼麵，約煮 5 分鐘後撈起（試吃確定已熟軟），可加幾滴橄欖油，避免熟麵黏糊。
7. 將 5 醬料淋在貝殼麵上拌勻即可。

牛腩綜合蔬菜濃湯貝殼麵

每一口麵都吃得到吸飽湯汁的濃郁香氣，讓人胃口大開。

15 個月
以上

攝取適
量纖維

幫助
消化

材料

紅蘿蔔少許、洋蔥少許、馬鈴薯 50
克、牛腩 100 克、貝殼麵 100 克、新
鮮玉米粒少許、奶油少許、鹽少許

作法

❶ 紅蘿蔔、馬鈴薯削皮切丁，洋蔥去
　皮切丁備用。

❷ 玉米粒燙熟，攪拌成泥備用。

❸ 牛腩切丁備用。

❹ 熱炒鍋後加入奶油，待融化後放入
　切丁的蔬菜拌炒。

❺ 加 200cc 水，倒入玉米泥、牛腩塊，
　煮至熟軟。以少許鹽調味後，即完
　成醬料。

❻ 鍋中加水煮沸後投入貝殼麵，約煮
　5 分鐘後撈起（試吃確定已熟軟），
　可加幾滴橄欖油，避免熟麵黏糊。

❼ 將❺醬料淋在貝殼麵上拌勻即可。

雞腿綜合蔬菜濃湯拉麵

層次豐富，麵條記得剪成小段，幫助寶寶消化。

15 個月以上　優質蛋白　補充熱量

材料

紅蘿蔔少許、洋蔥少許、馬鈴薯少許、雞腿肉 100 克、拉麵 100 克（剪成小段）、新鮮玉米粒少許、奶油少許、鹽少許

作法

1. 紅蘿蔔、馬鈴薯削皮切丁，洋蔥去皮切丁備用。
2. 玉米粒燙熟，攪拌成泥備用。
3. 雞腿肉切丁備用。
4. 熱炒鍋後加入奶油，融化後放入切丁的蔬菜拌炒。
5. 加 200cc 水，倒入玉米泥、雞肉丁，煮至熟軟。以少許鹽調味後，即完成醬料。
6. 鍋中加水煮沸後投入拉麵，約煮 5 分鐘後撈起（試吃確定已熟軟），可加幾滴橄欖油，避免熟麵黏糊。
7. 將 5 醬料淋在拉麵上拌勻即可。

南瓜綜合蔬菜濃湯拉麵

帶點自然甜味，全素全營養的高纖餐點！

15 個月以上　富膳食纖維　護腸助消化

材料

紅蘿蔔少許、洋蔥少許、馬鈴薯少許、南瓜 100 克、拉麵 100 克（剪成小段）、新鮮玉米粒少許、奶油少許、鹽少許

作法

1. 紅蘿蔔削皮切丁，洋蔥去皮切丁後備用。
2. 玉米粒燙熟，攪拌成泥備用。
3. 南瓜去皮切成塊狀，蒸熟後攪拌成泥備用。
4. 馬鈴薯削皮切塊，先保留少量切丁備用，另外再蒸熟攪拌成泥。
5. 熱炒鍋，加奶油，融化後放入切丁的洋蔥拌炒。
6. 加 200cc 水，倒入玉米泥、馬鈴薯泥和南瓜泥拌勻，再用小火熬煮 5 分鐘。
7. 放入紅蘿蔔丁和馬鈴薯丁，一起煮至軟熟，加入少許鹽即完成醬料。
8. 鍋中加水煮沸後投入拉麵，約煮 5 分鐘後撈起（試吃確定已熟軟），可加幾滴橄欖油，避免熟麵黏糊。
9. 將❼醬料淋在拉麵上拌勻即可。

鮮菇蔬菜奶香燉飯

清淡的奶香搭配蔬菜，增加口感變化，提高寶寶的接受度！

材料

米 1 杯、水 200cc、高湯 200cc、青花菜少許、紅蘿蔔少許、菇類 50 克、鮮奶油少許、高麗菜 50 克、鹽少許

作法

❶ 高麗菜和菇類切細，汆燙後備用。
❷ 青花菜只取花穗部分，汆燙好剁成碎末備用。
❸ 紅蘿蔔削皮切丁備用。
❹ 熱鍋後放少許油，加入紅蘿蔔丁和米用小火拌炒。
❺ 高湯和水，分別放一半的量，用小火煮❹到湯汁收乾，再加入另外一半的高湯及水，待湯汁收乾。
❻ 把❺放入電鍋內鍋，加入汆燙過的高麗菜和菇類，再放鮮奶油、少許鹽和一杯水，攪拌均勻。
❼ 外鍋加一杯水，蒸熟後悶一下，灑上青花菜末即可食用。

雞肉蔬菜奶香燉飯

營養滿分的燉飯，為活動量增大的寶寶補足熱量！

材料

米 1 杯、水 200cc、高湯 200cc、青花菜少許、紅蘿蔔少許、高麗菜 50 克、雞肉 50 克、鮮奶油少許、鹽少許

作法

1. 雞肉切丁，汆燙後備用。
2. 青花菜只取花穗部分，汆燙好剁成碎末備用。
3. 高麗菜切細，汆燙後備用。
4. 紅蘿蔔削皮切丁備用。
5. 熱鍋，放少許油，加入紅蘿蔔丁和米用小火拌炒。
6. 高湯和水，分別放一半的量，用小火煮⑤到湯汁收乾，再加入另外一半的高湯及水，待湯汁收乾。
7. 把⑥放入電鍋內鍋，加入汆燙過的高麗菜和雞肉丁，再放鮮奶油、少許鹽和一杯水，攪拌均勻。
8. 外鍋加一杯水，蒸熟後悶一下，灑上青花菜末即可食用。

豬肉蔬菜奶香燉飯

紅肉脂肪偏多，但富含鐵、鋅等礦物質，寶寶更易吸收。

材料

米 1 杯、水 200cc、高湯 200cc、青花菜少許、紅蘿蔔少許、高麗菜 50 克、豬肉 50 克、鮮奶油少許、鹽少許

作法

1. 豬肉切細絲，余燙後備用。
2. 青花菜只取花穗部分，余燙好剁成碎末備用。
3. 高麗菜切細，余燙後備用。
4. 紅蘿蔔削皮切丁備用。
5. 熱鍋，放少許油，加入紅蘿蔔丁和米用小火拌炒。
6. 高湯和水，分別放一半的量，用小火煮❺到湯汁收乾，再加入另外一半的高湯及水，待湯汁收乾。
7. 把❻放入電鍋內鍋，加入余燙過的高麗菜和肉絲，再放鮮奶油、少許鹽和一杯水，攪拌均勻。
8. 外鍋加一杯水，蒸熟後悶一下，灑上青花菜末即可食用。

牛肉蔬菜奶香燉飯

15 個月以上　高蛋白　增加體能

加入肉香和蔬菜的鮮甜，視覺變得豐富，營養更加分。

材 料

米 1 杯、水 200cc、高湯 200cc、青花菜少許、紅蘿蔔少許、牛肉 50 克、鮮奶油少許、鹽少許

作 法

1. 牛肉切細絲，汆燙後備用。
2. 青花菜只取花穗部分，汆燙好剁成碎末備用。
3. 紅蘿蔔削皮切丁備用。
4. 熱鍋，放少許油，加入紅蘿蔔丁和米用小火拌炒。
5. 高湯和水，分別放一半的量，用小火煮❹到湯汁收乾，再加入另外一半的高湯及水，待湯汁收乾。
6. 把❺放入電鍋內鍋，加入汆燙過的肉絲，再放鮮奶油、少許鹽和一杯水，攪拌均勻。
7. 外鍋加一杯水，蒸熟後悶一下，灑上青花菜末即可食用。

雞肉地瓜椰香燉飯

椰奶濃純綿密的口感，大大提高寶寶的食慾。

材料

米 1 杯、水 200cc、高湯 200cc、青花菜少許、紅蘿蔔少許、雞肉 50 克、地瓜 50 克、椰奶少許、鹽少許

作法

1. 雞肉切丁，汆燙後備用。
2. 青花菜只取花穗部分，汆燙好剁成碎末備用。
3. 紅蘿蔔和地瓜削皮切丁備用。
4. 熱鍋後放少許油，加入紅蘿蔔丁和米用小火拌炒。
5. 高湯和水，分別放一半的量，用小火煮4到湯汁收乾，再加入另外一半的高湯及水，待湯汁收乾。
6. 把5放入電鍋內鍋，加入雞丁、地瓜丁，再放椰奶、少許鹽和一杯水，攪拌均勻。
7. 外鍋加一杯水，蒸熟後悶一下，灑上青花菜末即可食用。

豬肉地瓜椰香燉飯

15 個月以上 · 胡蘿蔔素 · 護眼益智

椰奶濃郁但無甜味，可以增加料理變化，是各種食物的百搭拍檔。

材料

米 1 杯、水 200cc、高湯 200cc、青花菜少許、紅蘿蔔少許、豬肉 50 克、地瓜 50 克、椰奶少許、鹽少許

作法

1. 豬肉切絲，汆燙後備用。
2. 青花菜只取花穗部分，汆燙好剁成碎末備用。
3. 紅蘿蔔和地瓜削皮切丁備用。
4. 熱鍋後放少許油，加入紅蘿蔔丁和米用小火拌炒。
5. 高湯和水，分別放一半的量，用小火煮4到湯汁收乾，再加入另外一半的高湯及水，待湯汁收乾。
6. 把5放入電鍋內鍋，加入豬肉絲、地瓜丁，再放椰奶、少許鹽和一杯水，攪拌均勻。
7. 外鍋加一杯水，蒸熟後悶一下，灑上青花菜末即可食用。

牛肉地瓜椰香燉飯

15 個月以上 · 高纖好消化 · 促進排便

綿密的地瓜能減低肉質的澀感，讓寶寶吃得更順口。

材料

米 1 杯、水 200cc、高湯 200cc、青花菜少許、紅蘿蔔少許、牛肉 50 克、地瓜 50 克、椰奶少許、鹽少許

作法

1. 牛肉切絲，汆燙後備用。
2. 青花菜只取花穗部分，汆燙好剁成碎末備用。
3. 紅蘿蔔和地瓜削皮切丁備用。
4. 熱鍋後放少許油，加入紅蘿蔔丁和米用小火拌炒。
5. 高湯和水，分別放一半的量，用小火煮④到湯汁收乾，再加入另外一半的高湯及水，待湯汁收乾。
6. 把⑤放入電鍋內鍋，加入牛肉絲、地瓜丁，再放椰奶、少許鹽和一杯水，攪拌均勻。
7. 外鍋加一杯水，蒸熟後悶一下，灑上青花菜末即可食用。

雞肉南瓜椰香燉飯

彈牙的雞肉，加入椰奶口感更滑順，深受寶寶的喜愛！

材料

米 1 杯、水 200cc、高湯 200cc、青花菜少許、紅蘿蔔少許、雞肉 50 克、南瓜 50 克、椰奶少許、鹽少許

作法

1. 雞肉切丁，汆燙後備用。
2. 青花菜只取花穗部分，汆燙好剁成碎末備用。
3. 紅蘿蔔和南瓜削皮切丁備用。
4. 熱鍋後放少許油，加入紅蘿蔔丁和米用小火拌炒。
5. 高湯和水，分別放一半的量，用小火煮4到湯汁收乾，再加入另外一半的高湯及水，待湯汁收乾。
6. 把5放入電鍋內鍋，加入雞丁、南瓜丁，再放椰奶、少許鹽和一杯水，攪拌均勻。
7. 外鍋加一杯水，蒸熟後悶一下，灑上青花菜末即可食用。

豬肉南瓜椰香燉飯

南瓜烹煮後口感會變得綿軟滑順，非常適合作成燉飯。

材 料

米 1 杯、水 200cc、高湯 200cc、青花菜少許、紅蘿蔔少許、豬肉 50 克、南瓜 50 克、椰奶少許、鹽少許

作 法

1. 豬肉切絲，汆燙後備用。
2. 青花菜只取花穗部分，汆燙好剁成碎末備用。
3. 紅蘿蔔和南瓜削皮切丁備用。
4. 熱鍋，放少許油，加入紅蘿蔔丁和米用小火拌炒。
5. 高湯和水，分別放一半的量，用小火煮4到湯汁收乾，再加入另外一半的高湯及水，待湯汁收乾。
6. 把5放入電鍋內鍋，加入肉絲、南瓜丁，再放椰奶、少許鹽和一杯水，攪拌均勻。
7. 外鍋加一杯水，蒸熟後悶一下，灑上青花菜末即可食用。

牛肉南瓜椰香燉飯

南瓜的甘甜和香氣，可以去除肉類腥味，寶寶更樂於嘗試。

材料

米 1 杯、水 200cc、高湯 200cc、青花菜少許、紅蘿蔔少許、牛肉 50 克、南瓜 50 克、椰奶少許、鹽少許

作法

1. 牛肉切絲，汆燙後備用。
2. 青花菜只取花穗部分，汆燙好剁成碎末備用。
3. 紅蘿蔔和南瓜削皮切丁備用。
4. 熱鍋後放少許油，加入紅蘿蔔丁和米用小火拌炒。
5. 高湯和水，分別放一半的量，用小火煮❹到湯汁收乾，再加入另外一半的高湯及水，待湯汁收乾。
6. 把❺放入電鍋內鍋，加入肉絲、南瓜丁，再放椰奶、少許鹽和一杯水，攪拌均勻。
7. 外鍋加一杯水，蒸熟後悶一下，灑上青花菜末即可食用。

雞肉蔬菜胚芽米奶香燉飯

胚芽米與白米咀嚼的口感略不同，帶給寶寶新的刺激。

高纖
高鈣

改善
便祕

材料

胚芽米 1 杯、水 200cc、高湯 200cc、青花菜少許、紅蘿蔔少許、雞肉 50 克、鮮奶油少許、鹽少許

作法

① 雞肉切丁，汆燙後備用。

② 青花菜只取花穗部分，汆燙好剁成碎末備用。

③ 紅蘿蔔削皮切丁備用。

④ 熱鍋後放少許油，加入紅蘿蔔丁和胚芽米用小火拌炒。

⑤ 高湯和水，分別放一半的量，用小火煮④到湯汁收乾，再加入另外一半的高湯及水，待湯汁收乾。

⑥ 把⑤放入電鍋內鍋，加入雞丁，再放鮮奶油、少許鹽和一杯水，攪拌均勻。

⑦ 外鍋加一杯水，蒸熟後悶一下，灑上青花菜末即可食用。

鮮菇蔬菜胚芽米奶香燉飯

胚芽米的好處多，只要煮得軟爛，大一點的寶寶可嘗試。

攝取微量元素　纖維多多

材 料

胚芽米 1 杯、水 200cc、高湯 200cc、青花菜少許、紅蘿蔔少許、菇類 50 克、鮮奶油少許、鹽少許

作 法

① 菇類切細汆燙，再取青花菜花穗，汆燙剁碎備用。

② 紅蘿蔔削皮切丁備用。

③ 熱鍋，放少許油後加入②和米用小火拌炒。

④ 高湯和水，分別放一半的量，用小火煮③到湯汁收乾，再加入另一半的高湯及水，待湯汁收乾。

⑤ 把④放入電鍋內鍋，加入菇類後，再放鮮奶油、少許鹽和一杯水拌勻。

⑥ 外鍋加一杯水，蒸熟後悶一下，灑上青花菜末即可使用。

★ POINT ★

胚芽米

收穫的稻穀經加工脫去穀殼再碾去米糠層，保留住胚芽及稻米薄膜，即為胚芽米，香Q彈牙的口感，比白米或糙米來得好吃、好消化，且胚芽米去除米糠部分後，粗纖維較少，在人體腸道中更好消化與吸收。烹煮時，胚芽米最好先泡2～3小時，胚芽米和水的比例一般是 1：2，但燉飯更濕軟，水量也較多，可用高湯增加營養和風味。

豬肉蔬菜胚芽米奶香燉飯

除了纖維素，還能吃到保留在胚芽中的豐富營養。

15 個月以上　維生素 B 群　加強抵抗力

材料

胚芽米 1 杯、水 200cc、高湯 200cc、青花菜少許、紅蘿蔔少許、豬肉 50 克、鮮奶油少許、鹽少許

作法

① 豬肉切絲，汆燙後備用。
② 青花菜只取花穗部分，汆燙好剁成碎末備用。
③ 紅蘿蔔削皮切丁備用。
④ 熱鍋後放少許油，加入紅蘿蔔丁和胚芽米用小火拌炒。
⑤ 高湯和水，分別放一半的量，用小火煮④到湯汁收乾，再加入另外一半的高湯及水，待湯汁收乾。
⑥ 把⑤放入電鍋內鍋，加入肉絲，再放鮮奶油、少許鹽和一杯水，攪拌均勻。
⑦ 外鍋加一杯水，蒸熟後悶一下，灑上青花菜末即可食用。

牛肉蔬菜胚芽米奶香燉飯

均衡攝取脂肪和纖維，讓寶寶增加熱量，同時零負擔。

 15 個月
以上

 微量
礦物質

促進新
陳代謝

材料

胚芽米 1 杯、水 200cc、高湯 200cc、青花菜少許、紅蘿蔔少許、牛肉 50克、鮮奶油少許、鹽少許

作法

① 牛肉切絲，汆燙後備用。
② 青花菜只取花穗部分，汆燙好剁成碎末備用。
③ 紅蘿蔔削皮切丁備用。
④ 熱鍋，放少許油，加入紅蘿蔔丁和胚芽米用小火拌炒。
⑤ 高湯和水，分別放一半的量，用小火煮④到湯汁收乾，再加入另外一半的高湯及水，待湯汁收乾。
⑥ 把⑤放入電鍋內鍋，加入肉絲，再放鮮奶油、少許鹽和一杯水，攪拌均勻。
⑦ 外鍋加一杯水，蒸熟後悶一下，灑上青花菜末即可食用。

雞肉地瓜胚芽米椰香燉飯

擔心寶寶便祕？不妨適量餵食胚芽米，搭配地瓜效果更佳。

15 個月以上　富膳食纖維　促進腸胃蠕動

材料

胚芽米 1 杯、水 200cc、高湯 200cc、青花菜少許、紅蘿蔔少許、地瓜 50 克、雞肉 50 克、椰奶少許、鹽少許

作法

❶ 雞肉切丁，汆燙後備用。

❷ 青花菜只取花穗部分，汆燙好剁成碎末備用。

❸ 紅蘿蔔削皮切丁備用。

❹ 地瓜削皮切塊，蒸熟備用。

❺ 熱鍋，放少許油，加入紅蘿蔔丁和胚芽米用小火拌炒。

❻ 高湯和水，分別放一半的量，用小火煮❺到湯汁收乾，再加入另外一半的高湯及水，待湯汁收乾。

❼ 把❻放入電鍋內鍋，加入汆燙過的雞丁和熟地瓜，再放椰奶、少許鹽和一杯水，攪拌均勻。

❽ 外鍋加一杯水，蒸熟後悶一下，灑上青花菜末即可食用。

豬肉地瓜胚芽米椰香燉飯

胚芽米的纖維質高且富含營養，記得提醒寶寶細嚼慢嚥。

材料

胚芽米 1 杯、水 200cc、高湯 200cc、青花菜少許、紅蘿蔔少許、地瓜 50 克、豬肉 50 克、椰奶少許、鹽少許

作法

1. 豬肉切絲，汆燙後備用。
2. 青花菜只取花穗部分，汆燙好剁成碎末備用。
3. 紅蘿蔔削皮切丁備用。
4. 地瓜削皮切塊，蒸熟備用。
5. 熱鍋後放少許油，加入紅蘿蔔丁和胚芽米用小火拌炒。
6. 高湯和水，分別放一半的量，用小火煮⑤到湯汁收乾，再加入另外一半的高湯及水，待湯汁收乾。
7. 把⑥放入電鍋內鍋，加入汆燙過的肉絲和熟地瓜，再放椰奶、少許鹽和一杯水，攪拌均勻。
8. 外鍋加一杯水，蒸熟後悶一下，灑上青花菜末即可食用。

鮮菇地瓜胚芽米椰香燉飯

蔬菜口感清淡加上椰香，能嘗到不同風味。

材料

胚芽米 1 杯、水 200cc、高湯 200cc、青花菜少許、紅蘿蔔少許、地瓜 50 克、鮮菇 50 克、椰奶少許、鹽少許

作法

① 鮮菇切細，汆燙後備用。
② 青花菜只取花穗部分，汆燙好剁成碎末備用。
③ 紅蘿蔔削皮切丁備用。
④ 地瓜削皮切塊，蒸熟備用。
⑤ 熱鍋後放少許油，加入紅蘿蔔丁和胚芽米用小火拌炒。
⑥ 高湯和水，分別放一半的量，用小火煮⑤到湯汁收乾，再加入另外一半的高湯及水，待湯汁收乾。
⑦ 把⑥放入電鍋內鍋，加入汆燙過的菇類和熟地瓜，再放椰奶、少許鹽和一杯水，攪拌均勻。
⑧ 外鍋加一杯水，蒸熟後悶一下，灑上青花菜末即可食用。

健康美味燴料

拌飯、拌麵兩相宜，美味餐點輕鬆上桌！

- 調味量：低調味＝3分鹹
- 餵食建議：佐餐、拌飯或麵食
- 適用月齡：18個月以上

寶貝的咀嚼能力突飛猛進，麵飯類也不需要另外準備了。煮一鍋燴料，搭配白飯或麵條都適合，為媽媽們節省張羅三餐的時間，也不會讓寶寶餐缺乏變化。不過還是要講究少油少鹽少糖的低調味，避免從小養成重鹹口味，對健康帶來負面影響。

● 輕鬆加菜、營養升級

燴料本身的濃稠口感，提高寶寶對食材的接受度，除了基本的肉類營養之外，把拔馬麻也可以自行加菜，汆燙一些當季的新鮮蔬菜，如青花菜、青江菜等搭配燴料，讓營養攝取更均衡！

親子同桌共餐的衛生原則

用餐時間盡量固定，而且鼓勵寶寶乖乖坐在嬰兒餐椅上，跟著大人同桌共餐，透過日常生活培養孩子良好的飲食習慣和餐桌禮儀。另一方面，寶寶的腸胃還很脆弱，因此大人和小孩的餐具一定要分開，如果共享菜餚時，也要謹記公筷母匙的衛生原則，避免感染。

讓寶寶嘗試各種口感的「4 大主食」

　　這階段適合寶寶的主食選擇很多，白米飯、米粒麵、貝殼麵或手工拉麵都可以用來搭配燴料，不但有飽足感，也能應付寶寶日常活動所需的熱量。建議不要三餐都餵寶寶吃飯或是吃麵，變換花樣可以促進食慾，也能給寶寶更多的感官刺激，體驗不同食物的口感。

🗨 調味量：無
🗨 適用月齡：**15 個月以上**

🗨 餵食建議：適合佐餐，拌飯或麵食

高湯米飯

材 料　米 1 杯、高湯 1 杯、水半杯

作 法　❶ 生米洗淨後加入高湯、水。
　　　　　❷ 電鍋的外鍋放一杯開水，開關跳起後打開拌勻，再悶一下即可。

貝殼熟麵

材 料　貝殼麵 200 克

作 法　❶ 鍋中加入八分滿的水煮開。
　　　　　❷ 將貝殼麵倒入滾水中煮約 5~10 分鐘。
　　　　　❸ 試吃軟硬度，直到麵煮至熟軟即可。

Point

　　貝殼麵的口感不同於米飯類，能刺激寶寶的咀嚼感受，食用時可以拌入不同風味的燴料增加變化。

米粒熟麵

材 料 生米粒麵 300 克

作 法
① 鍋中加入八分滿的水煮開。
② 將生米粒麵倒入滾水中煮約 10~15 分鐘。
③ 取一些試吃,直到麵熟軟即可撈出。

蔬菜手工拉麵

材 料 蔬菜手工拉麵 200 克(剪成小段)

作 法
① 鍋中加入八分滿的水煮開。
② 將蔬菜拉麵倒入滾水中煮約 5~10 分鐘。
③ 取一些試吃,直到麵熟軟即可撈出。

Point

① 平常烹煮麵條,會在滾水中加一小搓鹽讓麵條更緊縮有彈性,或加一小匙油,避免黏住,但副食品的準備需格外小心油鹽分量,盡量少用或不加。
② 其他麵條的處理方式相同,麵線可先用冷水沖過再汆燙,避免太鹹。
③ 各家品牌的麵條烹調時間長短略有差異,多試吃幾次較能抓出所需的烹調時間。
④ 可將麵條先剪短再餵食,避免寶寶噎到。

蘑菇綜合蔬菜咖哩燴料

軟綿口感　強化骨骼

全蔬食燴料，讓寶寶品嘗鮮甜的蔬菜原味。

材料

洋蔥少許、馬鈴薯 100 克、紅蘿蔔少許、蘑菇 100 克、咖哩塊 25 克、太白粉少許

作法

1. 洋蔥、馬鈴薯與紅蘿蔔去皮切小丁、蘑菇切碎末。
2. 馬鈴薯及紅蘿蔔燙熟備用。
3. 太白粉加入少許水（約 1：2）攪勻備用。
4. 熱鍋，加入一匙油。
5. 先放入洋蔥拌炒、再加入馬鈴薯、紅蘿蔔、蘑菇等炒到軟熟。
6. 加入咖哩塊拌炒入味。
7. 起鍋前，酌量加入太白粉水勾芡即完成。

★ POINT ★

營養專家強調，網路流傳太白粉有毒性、會傷身，不宜多吃，這些都是沒有根據的說法。太白粉主要是樹薯或馬鈴薯萃取的澱粉質，一般只要適量或少量攝取，都不會造成問題，但提醒需要減重的人，要盡量避免勾芡類食物。

起司雞腿肉咖哩燴料

起司的鈣質含量豐富，特殊香味也能引起寶寶食慾。

材料

洋蔥少許、馬鈴薯 100 克、紅蘿蔔少許、起司少許、雞腿肉 100 克、咖哩塊 25 克、太白粉少許

作法

❶ 洋蔥、馬鈴薯與紅蘿蔔去皮切小丁備用。

❷ 馬鈴薯及紅蘿蔔燙熟備用。

❸ 雞腿切小塊備用。

❹ 起司切丁備用。

❺ 太白粉加入少許水（約 1：2）攪勻備用。

❻ 熱鍋，加入一匙油。放入洋蔥拌炒、再加入馬鈴薯、紅蘿蔔等，炒到軟熟為止。

❼ 加入雞腿肉和咖哩塊，拌炒至肉熟入味。

❽ 起鍋前，酌量加入太白粉水勾芡。

❾ 趁熱放入起司丁，即可食用。

蘋果雞腿肉咖哩燴料

多種維生素　含脂量低

馬鈴薯與紅蘿蔔富含維生素 A，有助細胞及骨骼生長。

材料

洋蔥少許、馬鈴薯 100 克、紅蘿蔔少許、蘋果少許、雞腿肉 100 克、咖哩塊 25 克、太白粉少許

作法

1. 將洋蔥、蘋果、馬鈴薯與紅蘿蔔去皮切小丁。
2. 馬鈴薯及紅蘿蔔燙熟備用。
3. 雞腿切小塊備用。
4. 太白粉加入少許水（約 1：2）攪勻備用。
5. 熱鍋後，加入一匙油。放入洋蔥拌炒、再加入馬鈴薯、紅蘿蔔等，炒到軟熟。
6. 加入雞腿肉和咖哩塊，拌炒至肉熟入味。
7. 酌量加入太白粉水勾芡。
8. 起鍋前加入蘋果丁稍微拌炒即可。

起司牛肉咖哩燴料

牛肉富含蛋白質及胺基酸，營養價值更高，能提高免疫力。

材 料

洋蔥少許、馬鈴薯 100 克、紅蘿蔔少許、起司少許、牛肉 100 克、咖哩塊 25 克、太白粉少許

作 法

1. 洋蔥、馬鈴薯與紅蘿蔔去皮切小丁備用。
2. 馬鈴薯及紅蘿蔔燙熟備用。
3. 牛肉切小塊備用。
4. 太白粉加入少許水（約 1：2）攪勻備用。
5. 熱鍋，加入一匙油。放入洋蔥拌炒、再加入馬鈴薯、紅蘿蔔等炒到軟熟為止。
6. 加入牛肉和咖哩塊拌炒，直至肉熟入味。
7. 起鍋前，酌量加入太白粉水勾芡。
8. 趁熱放入起司丁，即可食用。

蘋果牛肉咖哩燴料

18 個月以上 鈣鐵質兼具 促進腦發育

如果不喜歡起司的味道，可以改成蘋果入菜。

材 料

洋蔥少許、馬鈴薯 100 克、紅蘿蔔少許、蘋果少許、牛肉 100 克、咖哩塊 25 克、太白粉少許

作 法

❶ 將洋蔥、蘋果、馬鈴薯與紅蘿蔔去皮切小丁。

❷ 馬鈴薯及紅蘿蔔燙熟備用。

❸ 牛肉切小塊備用。

❹ 太白粉先加入少許水（約 1：2）攪勻備用。

❺ 熱鍋，加入一匙油。放入洋蔥拌炒，再加入馬鈴薯、紅蘿蔔等炒到軟熟為止。

❻ 加入牛肉和咖哩塊後，拌炒至肉熟入味。

❼ 酌量加入太白粉水勾芡。

❽ 起鍋前加入蘋果丁稍微拌炒，即可食用。

蠔油牛腩肉羹燴料

新口味副食上桌，添加蠔油的中式餐點寶寶更喜歡喔！

材料

洋蔥少許、大白菜 100 克、牛肉片 100 克、蠔油少許、太白粉少許

作法

① 洋蔥削皮切丁備用。
② 大白菜切絲燙熟。
③ 牛肉片切丁。
④ 太白粉加入少許水（約 1：2）攪勻備用。
⑤ 熱鍋，加入一匙油。先放入洋蔥、馬鈴薯和蠔油拌炒。
⑥ 加大約 200cc 的水，再放入大白菜絲，煮至食材軟熟。
⑦ 切成小塊的牛肉丁很容易熟，最後再放入。
⑧ 起鍋前酌量加入太白粉勾芡即可。

★ POINT ★

醬油、蠔油有何不同？

醬油是大豆發酵，蠔油則是海鮮和大豆為基底，口感有鮮味。醬油的鹹度大於蠔油，但甜度和鮮度則是蠔油多於醬油，因此滷味多用醬油，勾芡類或要增加食物鮮度時則會選用蠔油。不管是哪種，寶寶餐的調味都要盡量少量，避免過鹹或過甜。

蠔油里肌蔬菜燴料

豬肉能提供身體所需的蛋白質及維生素，選擇低脂豬肉，以免膽固醇過高。

材料 洋蔥少許、大白菜 100 克、豬肉里肌 100 克、蠔油少許、太白粉少許

作法
1. 洋蔥切丁、大白菜切絲燙熟、豬肉切小塊。
2. 熱鍋加一匙油，拌炒洋蔥、馬鈴薯和蠔油。
3. 加 200cc 水，放入大白菜絲煮至熟軟，最後放豬肉丁。
4. 起鍋前加太白粉水勾芡即可。

蠔油高鈣雙魚肉片燴料

鯛魚和吻仔魚入菜鈣質多多，加入軟嫩白菜，帶給寶寶不一樣的口感！

材料 無刺鯛魚 50 克、吻仔魚 50 克、大白菜 100 克、蠔油少許、太白粉少許

作法
1. 大白菜切絲燙熟、鯛魚切塊、吻仔魚用滾水燙熟去腥。
2. 熱鍋加一匙油後，拌炒大白菜絲和蠔油。
3. 加 200cc 的水，白菜熟軟後放入魚肉。
4. 起鍋前加太白粉水勾芡即可。

菠菜奶香雞腿肉燴料

菠菜和鮮奶結合的濃郁奶香料理，富含纖維又能讓寶貝食慾大增喔！

18 個月以上　豐富纖維質　改善便祕

材料

洋蔥少許、菇類 50 克、鮮奶 350 克、奶油少許、菠菜少許、雞腿肉 100 克、太白粉少許、鹽少許

作法

① 洋蔥去皮切丁、菇類切小丁備用。
② 菠菜切小段，燙熟後攪拌打成泥。
③ 雞腿肉切小塊。
④ 太白粉加入少許水（約 1：2）攪勻備用。
⑤ 熱鍋，加入奶油。
⑥ 放入切丁的洋蔥和菇類拌炒。
⑦ 倒入鮮奶，轉至小火煮滾。
⑧ 放入雞肉丁，加少許鹽調味，等待醬汁沸騰，肉煮到熟透。
⑨ 酌量加入太白粉水勾芡，起鍋後，加入菠菜泥拌勻即可。

★ POINT ★

菠菜的纖維質較高，需事先打成泥，最後再倒入燴料拌勻，也可避免菠菜味道蓋過奶香。

菠菜奶香牛腩燴料

18 個月以上　富含鐵鈣　幫助成長

只要簡單煮個麵條或是白飯一碗，淋上燴料，美味的寶寶餐點上桌囉！

材料 洋蔥少許、菇類 50 克、鮮奶 350 克、奶油少許、菠菜少許、牛肉片 100 克、太白粉少許、鹽少許

作法
1. 洋蔥、菇類洗淨後切小丁。
2. 菠菜燙熟打成泥，牛肉切小塊汆燙備用。
3. 熱鍋後加奶油拌炒①，再倒鮮奶轉小火煮滾。
4. 放牛肉丁後加少許鹽煮至熟透。
5. 加太白粉水，起鍋後拌入菠菜泥。

菠菜奶香里肌燴料

18 個月以上　胡蘿蔔素　保護眼睛

烹煮菠菜時會釋放出豐富的維生素和礦物質，是料理的營養搭檔。

材料 洋蔥少許、菇類 50 克、鮮奶 350 克、奶油少許、菠菜少許、豬里肌肉 100 克、太白粉少許、鹽少許

作法
1. 洋蔥、菇類洗淨後切小丁。
2. 菠菜燙熟打成泥，豬肉切小塊汆燙備用。
3. 熱鍋後加奶油拌炒①，再倒鮮奶轉小火煮滾。
4. 放豬肉丁後加少許鹽煮至熟透。
5. 加太白粉水，起鍋後拌入菠菜泥。

莧菜吻魚燴料

莧菜和吻仔魚的組合，保證 CP 值超高的鈣質補充料理。

18 個月
以上

富含
鈣磷

強健
體格

材料

莧菜 100 克、吻仔魚 100 克、太白粉少許、枸杞少許、蒜頭少許、鹽少許、魚骨高湯 300cc

作法

1. 莧菜切小段備用。
2. 太白粉加入少許水（約 1：2）攪勻備用。
3. 熱鍋，加入一匙油。
4. 放入蒜頭爆香，接著加魚骨高湯 300cc，小火煮開約 5 分鐘後，再把蒜頭撈掉。
5. 加入莧菜、枸杞、吻仔魚。
6. 煮開後加少許鹽調味，起鍋前以太白粉水勾芡即可。

★ POINT ★

魚骨高湯作法

1000cc 的水加入魚骨 100 克及幾片老薑，熬煮 30 分鐘後將雜質濾掉。接著再次煮沸，最後加兩滴米酒去腥（也可以不加）。

燉湯麵線、低鹽炒飯

滿足寶寶的大胃口，吃飽又吃好！

🔵 調味量：中調味＝5 分鹹 　　🔵 餵食建議：主食
🔵 適用月齡：20 個月以上

　　這個階段的寶寶活動量非常大，胃口好時，食量常讓大人驚嘆：「我家寶寶真的長大了呢！這麼大碗的飯都吃得精光。」但開心之餘，也有家長開始煩惱，寶寶食量太好，體重明顯超過標準該怎麼辦？當然，也有寶寶不買單，愛動卻不愛吃或是長高不長肉，令人憂心營養是否不夠？家長的這些擔心我非常能體會，因為咱們家明明準備的食物一樣，但老大瀚可食量好，個頭也壯壯，老二漢娜則恰好相反，吃得少，身型也嬌小。因為這樣，我們也常面對親友「關切」的詢問，但我始終抱著平常心。

　　透過準備功夫的升級，讓寶寶吃飽又吃好，滿足成長所需，其實並不困難。但我還是要強調，只要孩子的活動量正常，而且身心均衡發展，家長就可以放心，不用過度執著身高或是體重的數字。

● 「麵線和炒飯」是好動寶寶的最佳選擇

　　燉湯搭配麵線或是低鹽炒飯，看似簡單，其實卻剛好符合這個時期的寶寶作息。好動的寶寶肚子餓時，胃口大開，但也「坐不住」。如何掌握餵食的短暫時間，讓寶寶多吃一點營養好料，經常考驗家長的耐心和體力。這時候，運用豐富材料燉煮而成的湯品，加上易食好消化的麵線；或是一碗吃進全部營養的炒飯，絕對是父母的聰明選擇。

雙魚鮮蔬燉湯麵線

看似簡單的燉湯料理，成功關鍵是食材要新鮮，才不會過度油膩。

材料

鯛魚 50 克、吻仔魚 50 克、紅蘿蔔 30 克、白蘿蔔 30 克、豆腐 30 克、高湯 500cc、麵線 30 克

作法

❶ 鯛魚和吻仔魚先處理乾淨。
❷ 紅蘿蔔、白蘿蔔削皮切丁、豆腐切丁備用。
❸ 高湯加入紅蘿蔔丁、白蘿蔔丁，熬煮約 30 分鐘。
❹ 最後加入豆腐丁及魚肉，續煮至軟熟為止。
❺ 滾水煮開，放入麵線，約 3 分鐘熟軟即可撈起，可用冷開水沖淋或是滴入少許橄欖油避免黏糊。
❻ 將❹加入煮好的麵線，即可食用。

★ POINT ★

麵線可先用冷水沖過再汆燙，避免鹽分太多，對寶寶的腎臟造成負擔。

雞腿鮮菇燉湯麵線

20 個月以上 · **含多醣體** · **強化免疫力**

雞腿的鮮味融入湯裡，加上菇類的大量維生素，吃得到滿滿的營養。

材料 雞腿肉 100 克、紅白蘿蔔丁各 50 克、菇類 30 克、豆腐 30 克、雞骨高湯 500cc、麵線 30 克

作法
❶ 雞腿汆燙後撈起切丁備用，紅蘿蔔、白蘿蔔削皮切丁、菇類切丁。
❷ 高湯加入紅蘿蔔丁、白蘿蔔丁，菇類，熬煮約 30 分鐘。
❸ 最後加入豆腐丁及雞丁。
❹ 參考 P161 作法，煮好麵線。
❺ 將❸加入煮好的麵線，即可食用。

鯛魚味噌湯麵線

20 個月以上 · **維生素 B 群** · **整腸助消化**

以黃豆發酵釀製味噌不只是調味醬，也具有多種營養成分喔！

材料 鯛魚 100 克、豆腐 50 克、金針菇少許、海帶芽少許、味噌少許、魚骨高湯 500cc、柴魚片少許

作法
❶ 將高湯加入柴魚片，熬煮 20 分鐘後濾掉柴魚片就完成柴魚高湯。
❷ 把味噌加入柴魚高湯中，小火煮 5 分鐘。
❸ 加入鯛魚，煮熟後加入豆腐、金針、海帶芽等，再煮約 3 分鐘即可。
❹ 參考 P161 作法，煮好麵線。
❺ 將❸加入煮好的麵線，即可食用。

牛肉野菇肉骨茶麵線

滋補養生　驅寒不上火

起鍋前把浮油和雜質過濾乾淨，湯頭才會鮮甜清爽。

材料

牛肉 100 克、大白菜 30 克、菇類 30 克、枸杞少許、肉骨茶包、水 500cc

作法

1. 大白菜切小段、菇類切小片。
2. 牛肉切丁汆燙好備用。
3. 肉骨茶包放入電鍋內鍋中，加入 500cc 水。
4. 外鍋放半杯水，跳起後加入大白菜、菇類、枸杞，外鍋再放半杯水，再加熱一次。
5. 加入汆燙過的牛肉悶熟。
6. 滾水煮開，放入麵線，約 3 分鐘熟軟即可撈起，可用冷開水沖淋或是滴入少許橄欖油避免黏糊。
7. 將 5 加入煮好的麵線，即可食用。

★ POINT ★

　　肉骨茶包的中藥成分有玉竹、桂枝、熟地、當歸、川芎、沙蔘、肉桂、甘草、小茴香、黑棗、丁香、黃耆、蔘鬚、陳皮、白胡椒、八角、淮山、枸杞、桂圓肉等。以上每一項的成分都是少量，僅提供調味作用，家長不用擔心對寶寶會有影響。但如果是單獨採用中藥材進補，就要格外謹慎小心，最好先請教兒科醫師的意見。

豬肉野菇肉骨茶麵線

燉煮後的肉質細嫩加上湯頭濃郁，能讓寶寶食慾大開。

材料

豬肉100克、大白菜30克、菇類30克、
枸杞少許、肉骨茶包、水500cc

作法

① 大白菜切小段、菇類切小塊。

② 豬肉切丁汆燙好備用。

③ 肉骨茶包放入電鍋內鍋中，加入
500cc水。

④ 外鍋放半杯水，跳起後加入大白
菜、菇類、枸杞，外鍋再放半杯水，
再加熱一次。

⑤ 加入汆燙過的豬肉悶熟。

⑥ 滾水煮開，放入麵線，約3分鐘熟
軟即可撈起，可用冷開水沖淋或是
滴入少許橄欖油避免黏糊。

⑦ 將⑤加入煮好的麵線，即可食用。

超級元氣豬腳麵線

20 個月以上　富含膠原蛋白　幫助發育

適度不過量，攝取食物中的營養，對身體組織和皮膚有好處。

材 料

豬腳腿肉 500 克、白蘿蔔丁 200 克、500cc 高湯

作 法

1. 白蘿蔔削皮切丁。
2. 豬腳腿肉切丁，汆燙過備用。
3. 熱油鍋，加入汆燙過的豬腳肉丁，炒至焦黃。
4. 加入少許醬油及冰糖，炒至肉上色後再撈起。
5. 另起一湯鍋，加入 500cc 高湯，加入白蘿蔔丁及炒過的豬肉，一起煮至熟爛。
6. 滾水煮開，放入麵線，約 3 分鐘熟軟即可撈起，可用冷開水沖淋或是滴入少許橄欖油避免黏糊。
7. 將5加入煮好的麵線，即可食用。

雞腿肉茄汁低鹽炒飯

礦物質　強健身體組織

選用油脂較少的雞肉搭配蔬菜，讓炒飯營養加分，同時減少負擔。

材料　洋蔥少許、紅蘿蔔少許、雞腿肉 100 克、番茄醬 10 克（可自行熬煮）、白飯 2 碗

作法
1. 洋蔥去皮切丁、紅蘿蔔削皮切丁。
2. 雞腿肉去皮切丁，汆燙過備用。
3. 熱油鍋，加入洋蔥及紅蘿蔔丁炒至熟軟。
4. 再放入雞丁續炒至熟。
5. 最後加入白飯和番茄醬即完成。

肉鬆葡萄乾低鹽炒飯

鐵和鉀　補充能量

肉鬆的香氣，搭配口感特殊的葡萄果乾，是擁有高人氣的寶寶餐點。

材料　洋蔥少許、紅蘿蔔少許、肉鬆 30 克（可用炒肉絲代替）、少許葡萄乾切末、白飯 2 碗

作法
1. 洋蔥、紅蘿蔔去皮切丁。
2. 熱油鍋，把①炒軟。
3. 接著再加入白飯炒勻後關火。
4. 加入肉鬆及葡萄乾拌勻即完成。

吻魚鮮蔬**低鹽炒飯**

高鈣　骨骼發育

無刺的魚肉適合炒飯料理，加上高纖菇類，每一口都吃得到美味營養。

材料　洋蔥少許、紅蘿蔔少許、青花菜少許、吻仔魚 150 克、白飯 2 碗、鹽少許

作法
1. 將洋蔥和紅蘿蔔去皮切丁。
2. 青花菜取花穗，汆燙剁碎備用。
3. 吻仔魚洗淨，汆燙備用。
4. 熱鍋，把洋蔥及紅蘿蔔丁炒軟。
5. 再放入白飯和吻仔魚續炒到熟軟。
6. 最後加入青花菜末，以少許鹽調味炒勻。

黃金翡翠**鮮蔬低鹽炒飯**

天然植化素　增強免疫力

少油低鹽的調味，大大提高蔬菜的口感和脆度。

材料　洋蔥少許、紅蘿蔔少許、青江菜 50 克（只取葉子部分）、豬絞肉 100 克、白飯 2 碗、鹽少許

作法
1. 洋蔥去皮切丁、紅蘿蔔削皮切丁、青江菜切小段。
2. 熱鍋，把洋蔥及紅蘿蔔丁炒軟。
3. 加入白飯及汆燙過的豬肉末，續炒至熟軟。
4. 加入青江菜，以少許鹽調味炒勻即完成。

肉鬆牛肉鮮蔬低鹽炒飯

快炒讓牛肉的口感維持軟嫩，襯著香甜的洋蔥丁，大口吃進滿滿營養。

材料　洋蔥少許、紅蘿蔔少許、肉鬆 30 克（可用炒肉絲代替）、牛肉末 100 克、白飯 2 碗

作法
① 洋蔥、紅蘿蔔去皮切丁。
② 熱油鍋，把①炒軟。
③ 再加入白飯及牛肉末續炒至熟。
④ 關火後，加入肉鬆拌勻即完成。

豬肉雙菇低鹽炒飯

菇蕈類是提升免疫力的好食材，也是料理搭配的最佳配角。

材料　洋蔥少許、紅蘿蔔少許、豬絞肉 100 克、菇類 100 克、白飯 2 碗、鹽少許

作法
① 洋蔥去皮切丁、紅蘿蔔削皮切丁、菇類洗淨切末。
② 熱鍋，把洋蔥及紅蘿蔔丁炒軟。
③ 再放入豬絞肉、菇末續炒至熟。
④ 最後加入白飯，以少許鹽調味炒勻即完成。

幼兒專區

良好的飲食習慣是一輩子的健康財富

- 調味量：重調味＝ 7 分鹹
- 適用月齡：3 歲～ 5 歲
- 餵食建議：可另外準備汆燙或清炒青菜搭配。

　　這一系列的幼兒食譜，不管是調味和口感都偏大人的口味，但仍屬清淡，小朋友普遍接受度都很不錯！而且低鹽低油低糖的健康飲食，大人也可一起享用，不需另外烹調準備。

● 小孩會模仿大人的飲食方式

　　很多人常講：「垃圾（骯髒）呷，垃圾大。」認為小孩子的飲食不用過度講究，我們小時候，大人餵什麼就吃什麼，也沒有專門的寶寶副食品，還不是都平安長大了嗎？這樣的做法在古早時代沒有大問題，因為以前的食物製作過程和成分大多是天然，就算亂吃，對健康的損害也有限。但現代飲食為了賣相和口感，經常添加人工的化學合成物，對腸胃和身體功能造成的不良影響，情況比過去嚴重。

　　因此，幼兒飲食雖不同於寶寶時期，很多食材和料理都可以嘗試了，家長也樂得輕鬆！但還是要提醒，小孩會模仿大人的飲食方式，**如果大人習慣挑食、吃重鹹、三餐配冷飲或是愛吃零食，小孩也會複製同樣的模式**，造成體重不足或過重、生長速率緩慢等，長期下來，還會影響小孩的成長和專注力，不可不慎。

為什麼肉類料理前要汆燙？在飼養、宰殺、購買到烹調等過程中，可能會產生細菌，汆燙能發揮殺菌作用。就算清洗很多次，有時還是很難去除肉類的血水，滾水汆燙不但可去血水，還能去掉一些油質，避免熬出來的湯太油膩。

- 調味量：重調味＝7分鹹
- 餵食建議：可泡飯或加冬粉食用。
- 適用月齡：3歲～5歲

野菇松阪肉片湯

3歲以上　纖維豐富　助腸胃消化

肉質 Q 帶咬勁，切成細丁可訓練咀嚼能力。

材料

松阪豬肉片 100 克、白菜 50 克、菇類 50 克、枸杞少許、豬肋骨高湯 500cc、鹽少許

作法

❶ 將白菜洗淨切小片、菇類切小段。

❷ 豬肉片用滾水汆燙後切細丁。

❸ 將豬肋骨高湯煮開，加入❶和枸杞先煮 15 分鐘。

❹ 放入豬肉，加入少許鹽調味，水滾關火即可。

Point

　　3 歲以下的寶寶不建議餵食泡飯，大一點的幼兒已經開始吃白飯，有時食慾不佳或是想換口味時，可以加入營養湯品吃一餐泡飯，只要記得提醒寶寶每一口都要好好咀嚼再吞下去即可。

　　主因是泡飯不像粥的米粒和水融為一體，泡飯的水和米並沒有完全融合。吃粥時不用費力咀嚼，腸胃就可以消化吸收，但是吃泡飯需要用牙齒嚼爛，胃才能吸收。然而泡飯和粥的口感接近，很多小孩偷懶咀嚼兩下就吞下肚，沒有咬碎飯粒就會增加腸胃的負擔。

野菇海鮮湯

綜合多種食材，湯頭鮮甜爽口，豐盛湯料更具飽足感。

3 歲以上　菸鹼酸　促進腦部發育

材 料

鯛魚 50 克、吻仔魚 50 克、蝦 20 克、魚板 20 克、菇類 20 克、豆腐 20 克、魚骨高湯 500cc、鹽少許

作 法

1 將菇類切段、豆腐切塊。
2 鯛魚、吻仔魚洗淨汆燙過。
3 魚骨高湯煮開，加入鯛魚、吻魚、蝦、魚板、菇類、豆腐。
4 水滾後再以少許鹽調味即可。

★ POINT ★

吻仔魚鈣質多多，莧菜的細軟口感富含纖維又易消化，適合喜愛清淡口味的寶寶喔！

野菇牛肉片湯

菇類是保健好食材！極適合燉煮湯品，清淡又有風味。

材料

牛肉片 100 克、菇 50 克、白菜 50 克、枸杞少許、牛骨高湯 500cc、鹽少許

作法

① 將菇類切段、白菜切小片備用。
② 牛肉片洗淨汆燙過，再處理成小塊備用。
③ 高湯煮開，加入菇類、白菜。
④ 滾開後，最後放入牛肉塊，再以少許鹽調味即可食用。

★ POINT ★

牛骨高湯作法

1000cc 的水加入汆燙過的牛骨，熬煮 30 分鐘後將雜質濾掉即完成。

金針菇海菜湯

3歲以上　藻膠葡萄糖　加強免疫力

添加海帶芽的甘醇湯頭，搭配高纖蔬菜及嫩滑豆腐，口感多變化。

材料

玉米筍 20 克、山藥 20 克、金針菇 50 克、豆腐 30 克、枸杞少許、海帶芽少許、高湯 500cc、鹽少許

作法

1. 將玉米筍切段、山藥削皮切塊、豆腐切塊。
2. 高湯煮開，先加玉米筍、豆腐、枸杞，煮 15 分鐘。
3. 續加山藥、金針菇、海帶芽。
4. 以少許鹽調味，水滾後關火即可。

★ POINT ★

　　吃山藥會「性早熟」？有些家長看到菜單內容有添加山藥都會緊張地詢問，其實這樣的疑慮缺乏全面性了解，山藥內含的植物性荷爾蒙，進入人體後會轉化成黃體素，加上其他多種胺基酸，讓山藥被譽為提高人體免疫力、維護身體組織功能的優質食物。

　　至於植物性賀爾蒙，對寶寶的發育是否有催熟的負面作用？答案是必須大量且持續食用。明白這一點，家長就可以寬心看待，讓寶寶多方嘗試各種食材，只要記得任何一種食物都不要大量且單一地每天攝取，就能避免問題了。

味噌鯛魚片湯

鯛魚無刺、肉質細嫩，融入少許味噌，更能引發食慾。

材料　鯛魚片 100 克、豆腐 50 克、魚骨高湯 500cc、海帶芽少許、味噌少許

作法
1. 將豆腐切丁備用。
2. 海帶芽泡開汆燙。
3. 鯛魚洗淨汆燙過。
4. 魚骨高湯煮開，加入海帶芽、豆腐，和少許味噌。
5. 滾開後放入魚片，肉熟即可食用。

元氣雞腿肉湯

根莖類蔬菜很適合燉湯，飽含營養且口感鬆軟。

材料　雞腿肉 100 克、山藥少許、紅蘿蔔少許、白蘿蔔少許、豆腐少許、雞腿骨高湯 500cc、鹽少許

作法
1. 將山藥和豆腐切丁備用。
2. 紅、白蘿蔔削皮切塊。
3. 雞腿肉切塊汆燙備用。
4. 高湯煮開，加入紅、白蘿蔔丁、豆腐和山藥。
5. 滾開後，最後放入雞腿肉，加少許鹽調味，待肉熟即可食用。

清燉紅棗牛肉片湯

3歲以上　維生素A和C　養生保健

紅棗有助吸收鐵質，搭配牛肉燉湯是最佳拍檔。

材料 牛肉片 100 克、豆腐 30 克、白蘿蔔 30 克、菇類 30 克、海帶芽少許、紅棗少許、牛骨高湯 500cc、鹽少許

作法
1. 白蘿蔔削皮切丁、菇類切段、豆腐切塊。
2. 牛肉片汆燙過備用。
3. 高湯加入紅棗，煮 5 分鐘後，紅棗撈起去籽，棗肉切碎後丟回湯內。
4. 再加入❶後，熬煮 20 分鐘。
5. 最後放入牛肉片、海帶芽，加少許鹽調味，滾開肉熟後即可食用。

莧菜吻魚湯

3歲以上　多種維生素　幫助發育

莧菜因營養豐富，又名長壽菜，燉煮得愈軟爛愈好吃。

材料 吻仔魚 50 克、莧菜 50 克、枸杞少許、魚骨高湯 500cc、鹽少許

作法
1. 將莧菜切小段備用。
2. 吻魚洗淨汆燙備用。
3. 高湯煮開，加入枸杞、吻仔魚。
4. 最後放入莧菜，加少許鹽調味，滾開即可食用。

食安風暴下，大家都盡量避免外食，但每天要準備三餐有時候也是壓力，特別是雙薪家庭的父母該如何更有效率地打理寶寶餐？除了前面的快速湯品之外，還可以利用假日準備幾道配飯的主菜，搭配現炒的新鮮蔬菜，就可以輕鬆開動囉！

調味量：重調味＝7分鹹　　餵食建議：配菜，需另備白飯和麵
適用月齡：3歲～5歲

冰釀滷豬

3歲以上　維生素C和鋅　提高免疫力

白蘿蔔富含膳食纖維，搭配豬腳可解膩助消化。

材料

豬肉 500 克、白蘿蔔 200 克、蒜頭 20 顆、醬油 2 大茶匙、冰糖 2 大茶匙、水 500cc

作法

1. 白蘿蔔削皮切丁。
2. 蒜頭去皮裝在濾袋中。
3. 水加入醬油、冰糖及蒜頭，先熬煮 20 分鐘。
4. 放入豬肉丁，熬到筷子可插入，代表肉熟軟。
5. 取出蒜頭即完成。

Point

醬油少許即可，主要是取它的香氣和色澤。過程中如果水收乾了需要再加水，避免煮焦。

金雞咖哩燴料

咖哩不只是香料，還有助消化、增進食慾及驅寒等功效。

材料

洋蔥少許、馬鈴薯 100 克、紅蘿蔔少許、雞腿肉 100 克、咖哩 50 克、太白粉少許

作法

1. 洋蔥、馬鈴薯與紅蘿蔔去皮切小丁備用。
2. 馬鈴薯及紅蘿蔔燙熟備用。
3. 雞腿切小塊。
4. 太白粉加入少許水（約 1：2）攪勻備用。
5. 熱鍋，加入一匙油，放入洋蔥拌炒、再加入馬鈴薯、紅蘿蔔等，炒到軟熟為止。
6. 加入雞腿肉和咖哩塊拌炒，直至肉熟入味。
7. 起鍋前，酌量加入太白粉水勾芡，即可食用。

★ POINT ★

不同於 18 個月的寶寶餐，這裡的咖哩燴料不但調味量稍微增加，肉塊和根莖蔬果的處理也可以切得更大塊，增加幼兒咀嚼能力的訓練。

蠔油牛腩燴料

3歲以上　富含牛磺酸　有助智力發育

口感濃稠中帶鮮甜，讓豌豆、紅蘿蔔也能輕易被寶寶接受。

材料　洋蔥少許、紅蘿蔔少許、豌豆少許、牛腩 100 克、蠔油少許、太白粉少許

作法
1. 洋蔥、紅蘿蔔削皮切丁，豌豆汆燙過備用。
2. 牛腩切小塊，汆燙後備用。
3. 太白粉加入少許水（約1：2）攪勻。
4. 熱鍋後加一匙油，先放入❶和蠔油拌炒。
5. 加約 200cc 水，放入❷煮至軟熟，起鍋前酌加太白粉水即可。

咖哩牛腩燴料

3歲以上　富含蛋白質　修復組織

燉煮軟嫩的牛腩，融合香濃的咖哩，讓寶寶食指大動。

材料　洋蔥少許、馬鈴薯 100 克、紅蘿蔔少許、牛腩 100 克、咖哩 50 克、太白粉少許

作法
1. 洋蔥、紅蘿蔔、馬鈴薯等，去皮切丁備用。
2. 牛腩切小塊，汆燙後備用。
3. 太白粉加入少許水（約1：2）攪勻。
4. 熱鍋後加一匙油，先放入❶和蠔油拌炒。
5. 加約 200cc 水，放入牛腩和咖哩塊煮至軟熟。
6. 起鍋前酌加太白粉水勾芡即可。

茄汁野菇肉醬

菇類口味清淡，加入茄汁肉醬，可提高食慾、補充營養。

材料

紅蘿蔔少許、洋蔥少許、菇類少許、豬里肌肉末 100 克、番茄醬 50 克（可自行熬煮）、糖少許

作法

1. 紅蘿蔔削皮切丁，洋蔥去皮切丁，菇類切小丁。
2. 熱炒鍋，加一匙油，放入洋蔥及絞肉拌炒至肉熟。
3. 加入番茄醬及 100cc 左右的水，煮至滾開。
4. 放入洋蔥、菇類、紅蘿蔔丁及少許糖煮至入味，即完成醬料。

★ POINT ★

　　肉醬可以用來拌飯或麵條。食用時不妨再氽燙一些綠色蔬菜搭配，豐富色彩可促進寶寶食慾，也讓營養攝取更均衡。

冰釀滷牛腩

入味的軟嫩肉塊搭配吸飽滷汁的蘿蔔，口感更豐富。

材料　牛腩 500 克、白蘿蔔 200 克、薑少許、醬油 2 大茶匙、冰糖 2 大茶匙、水 500cc

作法
1. 白蘿蔔削皮切丁。
2. 牛腩切小塊，汆燙過備用。
3. 薑爆香，放入牛肉炒至外表變色
4. 水加入醬油、冰糖，先熬煮 20 分鐘，熬到筷子可插入，即代表肉已熟軟。

超元氣豬腳

適量油脂攝取，為發育中的大孩子補給熱量。

材料　豬腳腿肉 500 克、白蘿蔔 200 克、醬油少許、冰糖少許、肉骨高湯 500cc

作法
1. 白蘿蔔削皮切丁。
2. 豬腳腿肉切小塊，汆燙過備用。
3. 高湯加入醬油、冰糖，熬煮 20 分鐘。
4. 放入豬腳腿肉，熬到筷子可插入，代表肉熟軟。

Tip　這道口味比冰釀滷豬清淡，調味較少。

這個階段的幼兒活動量大，正餐之外，也需要補充點心，這裡所指的「點心」不是零食，而是營養又有飽足感的食物。既要滿足孩子的熱量需求，又不能影響到正餐的食慾，麵食或是飯糰的分量是不錯的選擇。

- 調味量：重調味＝7分鹹或7分甜
- 餵食建議：主食或點心
- 適用月齡：3歲～5歲

菠菜奶香雞腿肉義大利麵

以鮮奶為主要基底，每一根麵條都吃得到濃郁飽滿的幸福滋味。

材 料

雞腿肉100克、菠菜少許、洋蔥少許、菇類少許、奶油少許、鮮奶300cc、義大利麵條100克、鹽少許、太白粉少許

作 法

1. 洋蔥去皮切丁、菇類切小丁備用。
2. 菠菜切小段、雞腿肉切小段備用。
3. 太白粉加入少許水（約1：2）攪勻備用。
4. 熱鍋後加入奶油，再加入❶拌炒，接著倒入鮮奶，轉至小火煮滾。
5. 放入雞肉丁後加少許鹽，等醬汁沸騰，肉煮到熟透後加入太白粉水。
6. 另備一鍋水，煮沸後投入義大利麵，煮約5分鐘後撈起（試吃確定已熟軟），可加幾滴橄欖油，以免熟麵黏糊，再將❺淋在煮熟的麵上拌勻即完成。

菠菜奶香牛腩義大利麵

菠菜有點草澀味，可藉著奶香醬汁加分，
減少寶寶的排斥感。

3 歲
以上

富含
葉酸

幫助神
經發育

材料

牛腩 100 克、菠菜少許、洋蔥少許、
菇類少許、奶油少許、鮮奶 300cc、
義大利麵條 100 克、鹽少許、太白粉
少許

作法

1. 洋蔥去皮切丁、菇類切小丁備用。
2. 菠菜切小段備用。
3. 牛腩切小塊。
4. 太白粉加入少許水（約 1：2）攪勻
   備用。
5. 熱鍋，加入奶油。
6. 放入切丁的洋蔥和菇類拌炒。
7. 倒入鮮奶，轉至小火煮滾。
8. 放入牛腩，加少許鹽調味，等待醬
   汁沸騰，肉煮到熟透後加入太白粉
   水勾芡。
9. 另備一鍋水，加水煮沸後投入義大
   利麵，煮約 5 分鐘後撈起（試吃確
   定已熟軟），可加幾滴橄欖油，避
   免熟麵黏糊。
10. 把 8 淋在煮熟的麵上，拌勻食用。

菠菜奶香松阪豬義大利麵

濃稠的醬汁讓肉質變得滑嫩，麵條搭配多
種蔬菜更有飽足感。

3 歲
以上

多種
礦物質

鞏固
骨質

材 料

松阪豬肉 100 克、菠菜少許、洋蔥
少許、菇類少許、奶油少許、鮮奶
300cc、義大利麵條 100 克、鹽少許、
太白粉少許

作 法

1. 洋蔥去皮切丁、菇類切小丁備用。
2. 菠菜切小段、豬肉切小塊備用。
3. 太白粉加入少許水（約 1：2）攪勻
   備用。
4. 熱鍋，加入奶油。
5. 放入切丁的洋蔥和菇類拌炒。
6. 倒入鮮奶，轉至小火煮滾。
7. 放入豬肉，加少許鹽調味，等待醬
   汁沸騰，肉煮到熟透後加入太白粉
   水勾芡。
8. 另備一鍋水，加水煮沸後投入義大
   利麵，煮約 5 分鐘後撈起（試吃確
   定已熟軟），可加幾滴橄欖油，避
   免熟麵黏糊。
9. 把7淋在煮熟的麵上，拌勻食用。

花生芝麻甜心飯糰

3 歲以上　亞麻油酸　增強記憶

用軟米飯取代糯米製成的低糖飯糰，非常適合當點心。

材 料

花生粉 30 克、芝麻粉 30 克、桂圓少許、冰糖少許、米飯 100 克

作 法

❶ 米（水米的比例 1：1）煮熟成軟飯。
❷ 桂圓肉切成細末。
❸ 將新鮮的花生粉、芝麻粉、桂圓末和冰糖拌入剛煮熟的軟飯。
❹ 放涼後，再分別捏成湯圓大小，即可當點心食用。

★ POINT ★

飯糰可以一次多做幾個，然後用保鮮盒冷凍保存，要吃的時候再用電鍋蒸熱即可；微波也可以，但微波是利用水的共振頻率，食物的水分容易流失，加熱後最好盡快食用，否則變硬會影響口感。

芋香紅豆甜心飯糰

3歲以上　高蛋白低脂肪　補充元氣

根莖和種子是食材精華，兩個搭檔讓健康更加分。

材料

芋頭 30 克、紅豆 30 克、冰糖少許、米飯 100 克

作法

1. 米（水米的比例 1：1）煮熟成軟飯。
2. 紅豆浸泡煮熟，攪打成豆泥。
3. 芋頭削皮切塊，蒸熟壓成芋泥。
4. 將豆泥、芋泥和冰糖拌入剛煮熟的軟飯中。
5. 放涼後，再分捏成湯圓大小，即可當點心食用。

★ POINT ★

1. 新米比較軟，舊米水加多一點。
2. 用米煮成軟飯揉成的甜飯糰，可取代難消化的糯米，媽媽們也可以發揮創意，將飯糰捏製成可愛的形狀，外出時方便攜帶，又能增加吃飯的樂趣。

寶寶過敏、便祕、腹瀉、長牙，該怎麼吃？

	注意事項	週歲	一歲半
過敏寶寶	❶ 避免使用高敏食材。 ❷ 以單一食材的食物泥或粥品為主。 ❸ 以白米為主，避免豆、奶、蛋。 ❹ 避免使用魚肉海鮮，特別是紅肉魚和有殼類。 ❺ 減少調味。	• 水果泥 • 根莖食物泥 • 根莖食物粥 • 蔬菜泥 • 蔬菜粥	• 米糊 • 昆布高湯 • 豬肉蔬菜粥 • 雞肉燴料
便祕寶寶	❶ 多攝取高纖蔬菜水果。 ❷ 每天輕輕按摩幾次寶寶的腹部，刺激腸胃蠕動。 ❸ 多吃地瓜、南瓜、甜菜根和菇類等。	• 水果泥 • 根莖食物粥 • 蔬菜粥 • 肉湯	• 根莖食物泥 • 蔬菜泥 • 燕麥米糊
腹瀉寶寶	❶ 攝取白粥、單一食物泥或米糊類，讓腸胃休息。 ❷ 少量多餐，因為進食會刺激腸蠕動加劇腹瀉。 ❸ 口味清淡。 ❹ 少油脂，以汆燙為主，不放油鹽糖等調味。 ❺ 避免添加奶製品。	• 水果泥 • 根莖食物粥 • 蔬菜高湯 • 蔬菜燉飯 • 瘦肉粥	• 根莖食物泥 • 燕麥米糊 • 莧菜吻魚湯 • 白飯或麵線
長牙寶寶	❶ 多喝水，預防發燒。 ❷ 放涼後口感還是好吃的食物。 ❸ 食物煮軟爛一點。 ❹ 建議使用乾淨手指套，幫寶寶輕輕按摩紅腫的牙肉，可以減緩疼痛不適。 ❺ 餵奶或用餐後，記得用紗布巾沾開水輕輕地清潔牙齦和乳牙。	• 水果泥 • 根莖食物泥 • 根莖食物粥 • 燕麥米糊 • 蔬菜燉飯	

　　這裡的「過敏寶寶」是指過敏症狀發作的特殊時期，而非指過敏體質的寶寶。當症狀出現時，應以減緩惡化為主，盡量禁絕所有可能讓過敏更嚴重的食物。每個「過敏寶寶」的體質與狀況略有不同，還是需經過專業醫師診斷與建議，攝取副食應以少量為原則，觀察寶寶的過敏狀態是否增加或減緩後，再判斷是否繼續餵食。

媽咪寶寶投稿分享

我吃飯的時候跟蛇一樣扭來扭去，媽咪也被我打敗了！

爪爪／1歲

好寶寶要吃光光喔！

Paula／6個月

好吃到我眼睛都張不開了啦！

羅豆豆／10個月

馬麻說認真的男孩最帥了！

趙小小／11個月

看我吃得一口接一口，真是太好吃了！

安古／10個月

肚子餓等待中···再怎麼愛睏也要吃！

小寶／16個月

親子田系列011

瀚克寶寶的安心全營養副食品〔暢銷新封面版〕

超人氣嬰幼兒副食品專家的天然配方，為各月齡寶寶量身打造，
150道「專業級副食品食譜」不藏私大公開！

作　　　者	瀚可爸爸（曾大衛）
文字整理	石尚清
攝　　　影	果得影像工作室 黃柏超（www.facebook.com/QuarterStudio）
總 編 輯	何玉美
副總編輯	陳永芬
主　　　編	陳鳳如
責任編輯	姜又寧・陳彩蘋
封面設計	比比司設計工作室
美術設計	許貴華

出版發行	采實出版集團
行銷企劃	陳佩宜・黃于庭・馮羿勳・蔡雨庭
業務發行	張世明・林踏欣・林坤蓉・王貞玉
會計行政	王雅蕙・李韶婉
法律顧問	第一國際法律事務所　余淑杏律師
電子信箱	acme@acmebook.com.tw
采實臉書	www.facebook.com/acmebook01

I S B N	978-986-9371-86-5
定　　　價	350元
二版一刷	2016年10月
二版六刷	2023年06月
劃撥帳號	50148859
劃撥戶名	采實文化事業有限公司
	104台北市中山區南京東路二段95號9樓
	電話：（02）2511-9798
	傳真：（02）2571-3298

國家圖書館出版品預行編目(CIP)資料

瀚克寶寶的安心全營養副食品〔暢銷新封面版〕
　/ 曾大衛作.-- 初版.—臺
北市：采實文化，民105.10
　面；　公分.--（親子田系列；11）
　ISBN　978-986-93718-6-5（平裝）
1. 育兒　2. 食膳　3. 小兒營養

428.3　　　　　　　　　　　105018892

采實文化 **采實文化事業有限公司**
ACME PUBLISHING

104台北市中山區南京東路二段95號9樓

采實文化讀者服務部　收

讀者服務專線：（02）2511-9798

瀚克寶寶的 安心全營養副食品

150 道專業級副食品食譜不藏私大公開！

瀚可爸爸／著

系列：親子田系列011

書名：**瀚克寶寶的安心全營養副食品**〔暢銷新封面版〕

超人氣嬰幼兒副食品專家的天然配方，為各月齡寶寶量身打造，
150道「專業級副食品食譜」不藏私大公開！

讀者資料（本資料只供出版社內部建檔及寄送必要書訊使用）：

1. 姓名：

2. 性別：□男　□女

3. 出生年月日：民國　　　年　　　月　　　日（年齡：　　　歲）

4. 教育程度：□大學以上　□大學　□專科　□高中（職）　□國中　□國小以下（含國小）

5. 聯絡地址：

6. 聯絡電話：

7. 電子郵件信箱：

8. 是否願意收到出版物相關資料：□願意　□不願意

購書資訊：

1. 什麼原因讓你購買本書？□喜歡料理　□注重健康　□被書名吸引才買的　□封面吸引人
　　□內容好，想買回去做做看　□其他：＿＿＿＿＿＿＿＿＿＿＿＿＿＿＿＿＿＿（請寫原因）

2. 看過書以後，您覺得本書的內容：□很好　□普通　□差強人意　□應再加強　□不夠充實
　　□很差　□令人失望

3. 對這本書的整體包裝設計，您覺得：□都很好　□封面吸引人，但內頁編排有待加強
　　□封面不夠吸引人，內頁編排很棒　□封面和內頁編排都有待加強　□封面和內頁編排都很差

寫下您對本書及出版社的建議：

1. 您最喜歡本書的特點：□圖片精美　□實用簡單　□包裝設計　□內容充實

2. 關於育兒、教養的訊息，您還想知道的有哪些？
＿＿
＿＿

3. 您對書中所傳達的副食品知識及步驟示範，有沒有不清楚的地方？
＿＿
＿＿

4. 未來，您還希望我們出版哪一方面的書籍？

HANK
瀚克寶寶
嬰兒副食品廚房

超過 **150** 種寶寶副食，適合不同月齡寶寶食用

6個月到3歲的寶寶
就是要吃無毒食物

不怕寶寶啃的
「100%有機棉紗手帕、三角領巾」
全台門市熱銷販售中！！

全國第一家公開廚房作業
歡迎預約參觀

【 板橋中央廚房 】	新北市板橋區校前街15號(不提供取餐服務)	電話：0809-090-905
【 行天宮門市/北市 】	台北市松江路406號(行天宮斜對面)	電話：02-2586-1259
【 新埔門市/板橋 】	新北市板橋區文化路二段113-3號	電話：02-2251-2626
【 新竹門市/竹北 】	新竹縣竹北市光明六路東一段220號	電話：03-667-0801
【 博愛門市/高雄 】	高雄市左營區博愛二路268號	電話：07-556-1577

官方網站　粉絲團
www.hankbaby.net

瀚克寶寶
嬰兒副食品廚房

瀚克寶寶的安心全營養副食品。食譜書

已兌
兌換接觸角調廚段

限購3組

買一送一優惠券
憑本券至門市，即享餐點買一送一優惠

限門市通路使用　有效期限：即日起～至2017／12／31止

※餐點以門市現貨·副食品為準，雞精、米餅、抹抹醬不適用。
※本券不可和其他優惠活動合併使用。
※本券影印複製加工視同無效。　※本公司保留修訂活動條款及細則之權利。

客服專線：0809-090-905
www.hankbaby.net

鱷魚愛上長頸鹿
【人際情感學習套組】

附贈 0~9 歲分齡導讀學習手冊＋身高尺

撼動媽媽界熱烈討論的火紅繪本，
全系列 1～4 集完整版，首度在台上市！

達妮拉・庫洛特◎著

教養，從讀懂孩子行為開始
【全圖解實踐版】

健忘、任性的孩子，其實是有煩惱的孩子！
寫給父母的第一本「五感發展育兒百科」，
察覺・理解・陪伴，啟動孩子的學習發展。

田中康雄◎監修

爸媽，
可以安靜聽我說嗎？
資深諮商師的親子溝通技巧，當下
轉換孩子情緒，激發成長動力！

松本文男◎著

孩子的自然觀察筆記
100 個自然探索提案 X72 個
超有趣活動，大自然便是無
窮的教材！

克萊兒・沃克・萊斯利◎著

教養，
從改變說話口氣開始
開啟孩子「正向人生」的
31 個教養關鍵句

若松亞紀◎著